京都市動物園

飼育係ものがたり

スパイホール

髙橋鉄雄

京都新聞出版センター

目次

メジロ

——飼育係になった原点

僕は三重県の山深い田舎で生まれ育ちました。ニワトリや牛の声がする長閑な村でした。

近所では何軒かの家がメジロを飼っていて、軒下に吊られた小さな籠の中では「チュリー」「チュリー」と元気な声で鳴いていました。

僕が小学3年の時でした。隣のにいちゃんがある日、僕にメジロをくれたのです。

ところが、山から捕ってきたばかりのメジロはまだすり餌を食べないので、餌付けをする必要があったのです。

教わったとおり、落ち着かせるために籠は風呂敷で覆い、すり餌はドロドロにして砂糖を入れ、水は与えません。

餌を食べる姿を一刻も早く見たくて、僕は夜遅くまで風呂敷の穴からずっと眺め続けました。

それがいけなかったのでしょう。翌朝見た時には止まり木にはおらず、下の隅で既に固くなって死んでいました。

しばらく悲しんでいると、間もなく隣のにいちゃんが、新しいメジロをくれました。

今度はすり餌をついばむ元気なメジロで、安心して飼うことができました。

朝一番、籠内のメジロを見てから、裏の畑で菜っ葉を採ってきて、茎を取り除きすり鉢ですります。

次に粉を入れ水をたしながらすると、プーンと香ばしい香りがします。味噌状にすり上げてから竹べらで餌チョコ（餌鉢）に移し、メジロを逃がさないように、慎重に入口から与えます。それから学校へ行くのです。こうして僕のメジロ飼いが始まりました。

すり餌の材料である大根などの菜っ葉は、年中わが家の畑で採れました。粉は最初、父が作ってくれました。父は全く小鳥を飼わなかったのですが、かつてウグイスやコマドリを飼っていた祖父から、作り方を見て覚えていたようです。

米ぬか1升、玄米2合、大豆1合をおのおの土鍋で焦がさぬように炒り、玄米と大豆は石臼でひき、さらにふるいにかけてから配合します。魚粉は川で捕ってきたハヤやフナを陰干しした後、とろ火で焼き、すり鉢ですって粉にします。

米ぬかなどを上餌、魚粉は下餌と呼びます。メジロは上餌10に対して、下餌3の割合に配合した3分餌を与えます。上餌の材料や下餌の割合は地方によって多少の差があり、また全く入れない地方もあるようです。

僕が風邪で学校を休んだ時、一度だけ父にメジロの餌をやってもらったことがあるのですが、危うく死なせるところでした。原因は青葉を多く入れたために苦い味となって、全く食べられなかったのです。忙しい父なのであわてて作ったのでしょう。

以来、僕はどんなことがあっても、メジロの餌は絶対自分でやることにしました。

すり餌は、わが国が古く徳川時代に考案した和鳥用の人工餌で、栄養面からみてもバランスのとれた最高のものとされています。

下餌の割合を3分から少しずつあげて6分の強い餌にすると、必ずといっていいほどよく高音を張るようになります。高音とは、繁殖期によく聞かれる長くて高い大きなさ

寒い時は仲良く固まります

えずりのことで、聞き做《な》し（聞こえ方）で表すと「千代田の城は千代八千代……」。

そのさえずりに対して、常に鳴く地鳴きでは、オスは「チュリー」メスは「チー」の声。この違いが雌雄の決め手になるのですが、たまにオスが「チー」と鳴くことがあります。しかし、メスが「チュリー」と鳴くことは絶対にありません。

それとメジロのオスは巣立ち前の雛の時から「チュリー」とはっきり鳴くので、声によって雌雄の判別ができるめずらしい小鳥でもあります。

巣立ちした幼鳥の灰色の脇腹は、夏を過ぎるころ、換羽《かんう》（羽が抜けかわる）して茶色の美しい成鳥羽となります。

羽色は全体にオスの方が微妙に美しい。しかし、腹の中央にある金筋（黄色い線）は、オスだけのものと堅く信じ、僕もそのことを語ってきましたが、後になってごくまれにメスにもあることが分かり、僕にとっては新しい発見となりました。

メジロが馴れて、次第に鳴くようになると、僕はそれをおとりにして、一丁前に、大人たちのようにメジロ捕りに行くようになりました。トリモチの巻き方やどの山のどの場所がいいかなど、全て先輩たちを見て知っていました。

メジロには群れる習性と、逆に繁殖期には侵入したメジロを縄張りから追っ払う習性があります。それを利用しておとりで呼び寄せて捕るのです。カスミ網を使う人もいましたが、僕はトリモチだけでメジロを捕りました。もちろん目的はオスのメジロで、メスは捕りません。

メジロがおとりの鳴き声に誘われ近づき、どの枝を伝って仕掛けたトリモチに止まるか、その駆け引きと、そして、岩陰などにじっと隠れて待っているその時間が、たまらなく楽しかったのです。

しかし、強いメジロが来ると、おとりが鳴き負けてだまってしまうのです。そんな時は僕も先輩に習ったように、メスの声を歯笛で出して励ますのです。何とか呼び寄せても、いいメジロはトリモチを見破っ

メジロ捕り（トリモチで）

て、今度はなかなか止まらないのです。やっと止まったとしても逃げる術を知っているかのように、羽にトリモチをくっつけることなくすぐひっくり返り、僕が捕まえる前に垂れ下がって逃げてしまうのです。腹が立つやら残念やら、また挑戦です。

トリモチを見破られないように、棒の裏にトリモチを仕掛ける「裏モチ」という方法もあるのですが、僕にはまだ難しくてできませんでした。後に、暑さや寒さに対応した便利なトリモチも販売されるようになりました。

ちなみに、メジロは和歌山県の「県の鳥」になっており、古くから紀州メジロとして、大分の豊後メジロ、高知の土佐メジロに次いで良質なメジロとして有名です。新宮の町では、鳴き声の高さ、長さ、回数を競う「鳴き合わせ会」が盛んに行なわれていました。

冬休み、父は僕をその大会にいつも出ているという知人宅へ連れて行ってくれたのです。

そのお宅は理髪店で、メジロは裏の座敷に。何と驚愕！なことに、20羽は居たでしょうか。1羽1羽が入った籠が区切られた棚に置かれていて、皆一斉に、高音寸前のすさまじいぐぜり（気分がいい時に鳴く声で、ラップのように複雑で早口）合戦をしていました。

体が大きくてばたつかず、脚が太くて姿勢がいい。脇腹が真っ茶色で金筋が太くて濃い。全て良質な条件を兼ね備えたメジロばかりなのです。

おじさんによると、「一番いいメジロはの、目の色（虹彩）が水目（青灰色）やのー。赤目も気がきつくてええのがいるけど……。茶目はあかんのー。茶の木メジロといってあかん。

山には必ず大将がいてのー、そのメジロの1番子を捕ってくるんやさ。かんかけ（僕の田舎にある奥山）には、滝に負けない大きな声で鳴くええメジロがあるのー」など、親切に話してくれたのです。

その後おじさんは1羽を庭へ持ち出し、籠の端を持ってさし上げると、さすが、そのメジロは間もなく高音を張り出しました。まさに高く、大きく、長く、滑らかに。

僕もいつかはこんな素晴しいメジロを飼って、鳴き合わせ会に出たい、そんな「夢」を持ちました。残念ながら鳴き合わせ会には一度として出ることも、また見に行くこともありませんでしたが。

メジロの鳴き合わせ会は江戸時代から始まり、京都市動物園においても、１９０５（明治38）年、１９５０（昭和25）年に行なわれた記録があります。

そして1957（昭和32）年に建てられた小鳥舎では、メジロを含めた多くの小鳥たちは、狭い鳥籠での展示が主流でした。

しかし、時代と共に市民からの批判もあって、1985（昭和60）年に新しく野鳥舎ができると同時に広い収容舎へ放されたのです。

その野鳥舎では数種の小鳥たちに繁殖がみられ、メジロについても1998（平成10）年に初めて繁殖に成功したのでした。

一方、環境省は2012（平成24）年4月に、メジロの飼育（愛玩飼養）を目的とした捕獲を原則許可しないことを発表しました。

連綿と続いてきたメジロの飼育技術と、鳴き合わせ会が無くなることは、一抹の寂しさを感じますが、種の保存のため、法律は絶対に守らなければなりません。

しかし、西日本を中心に依然ヤミで鳴き合わせ会が行なわれており、優勝したメジロは横綱として、今や300万円の高価で取引きされているといいます。

それらのメジロは悪質な業者によって、中国などから輸入した亜種ヒメメジロの輸入証明書を付けて販売されているそうです。そして、亜種ヒメメジロは殺されたり放されたりするので、日本産との交雑についても今後心配な問題となっています。

冬～早春のころ、我が家の盆栽に群れてやってくる

亜種ヒメメジロは国内産メジロに比べて胸と脇が灰白色で、背の色も黄色みが強い。嘴《くちばし》とふ蹠《しょ》が短いなどが識別のポイントになっています。

冬〜春、庭にミカンや砂糖水を置くと必ずメジロがやって来ます。嬉しいことに、一昨年は我が家の庭木にも営巣し、４羽の雛が無事巣立ちしました。

子どものころ、初めて飼った小鳥がメジロ。それが高じて僕は飼育係になりました。

子どものころ、トリモチで捕ったメジロですが、動物園を退職した今は、カメラでそのメジロを撮っています。

トリ

——飛び蹴りの洗礼

1965（昭和40）年3月17日、僕が飼育係になって最初に担当したのが、鶉鶏舎《じゅんけい》（＊1）と孔雀舎でした。代行（＊2）で猛禽舎とフラミンゴ舎。そのほか、仕事が終わり次第、小鳥舎の協力、孵化育雛《いくすう》の手伝いが含まれていました。

新人はみんな最初は鳥類かおとぎの国（子ども動物園）を担当することになっていて、そこでまず飼育の基本である餌の切り方、掃除の仕方、カギの確認をしっかりと身に付けさせるようでした。

飼育は当時全員で15名。ほかに調理が3名。AからDまでの4班でおのおの本番代行制（＊3）をとっていました。

僕はD班で4名。その中で大西秀郎先輩と一緒に組みました。大西先輩は僕より4歳年上の22歳。僕の次に若い飼育係でした。

飼育第1日はその大西先輩に、僕の本番担当の動物舎と代行の分の仕事の内容から段取り、餌の作り方、餌の量、動物の癖などを教わる、いわゆる研修日でした。

「外から見といてやー、2人入るとあばれて頭打つねん」さらに「こいつとこいつは向かってくるんで気つけてやー」と忠告もしてくれました。

鶉鶏舎は10部屋あって、12種27羽。孔雀舎は2室あって、おのおのにオスとメスのペアが入っていました。鶉鶏舎の裏に別飼い舎があって、3部屋3種6羽。一応メモを取りましたが、僕にとってはニホンキジ以外初めて目にする鳥ばかりでなかなか名前すら覚えられません。

そのほか、「水鉢の水は毎日替えるように」「必ず鳥を見ながら外へ出てやー、後ろ向きで出たらあかんでー」「カギはしっかり確認してやー」などと丁寧に教えてくれました。

男ばかりの一見怖そうなベテラン揃いの中にあって、大西先輩の親切で優しい指導は、僕にとってなにより有難く嬉しかったです。

翌3月18日。いよいよ今日から僕一人で

飼育係になって間もないころの筆者とハチクマ

やらなければなりません。新しい作業着に新しい長グツを履くと、いかにも新人であることがすぐに判り恥ずかしかったのですが、担当の動物舎の鍵束を一丁前に腰にぶら下げると、そこで初めて僕も飼育係になったんだという実感が湧いてきました。

調理場で餌を用意して鶉鶏舎へ。餌は青菜と成鶏配合飼料。それにこの時期発情をさらに促すために、動物性たん白質のカイコの幼虫(乾燥)を与えます。

気のきつい鳥の部屋が３つ続きます。

まずカブトホウカンチョウ。これはシチメンチョウほどの大きさですが、いざ中へ入ると外から見るのとは大違い。意外と大きい。全身真っ黒で不気味です。「こいつは、ピッピッと鳴き始めたらクセ者やねん」と言われたので、来るなよ、来るなよと祈りながらゆっくりと掃いていく。先輩がやったように相手を刺激させないように、しかも必ず2羽を視界に入れて様子を見ながら掃いていく。ところが緊張してなかなか上手く糞が掃き取れない。二度掃きするなど、時間がかかってしまいました。

やがて「ピッピッ」と鳴き、尾をパッパッと拡げ始めたではありませんか。ヤバイと思ったがもう遅い。1羽が竹箒に飛び乗ってきました。足でしっかりとつかんで離さない。重くて離れない。そこへもう1羽が頭へ飛びかかって来ました。どこがどうだかわからぬまま、とにかく必死で払いのけました。そのはずみに餌箱がひっくり返ったのでしょう、ホウカンチョウは僕への攻撃を止めて、そのこぼれた餌を食べ始めました。その隙に何とか外へ出ることができたのです。

手の甲から血が出ていましたが、それよりも足の震えがしばらく止まりませんでした。

続いてハッカン。これも気がきついとのこと。しかし、白黒の美しい気品を感じさせるキジです。ニワトリほどの大きさなので、ニワトリには自信のあった僕はたかを括って掃除を始めました。ところが、真っ赤な顔がみるみる大きくなったかと思う

飛び蹴りの洗礼（カブトホウカンチョウの攻撃）

と、胸を張り、「ドドドッ」と翼を打ち鳴らしました。そしていきなり足元へ飛び蹴りがきたのです。それがけっこう痛い。

　こんなチビに負けてたまるかと、僕も18歳、ハッカン以上に顔を赤くして立ち向いました。これがいけなかったのです。余計相手を挑発することになって、しつこいことしつこいこと、攻撃が止まりません。すねをいやというほど蹴られました。

　続いて悪評高いオナガキジ。全身黄に黒のチェック模様。何といっても縞のある2本の長い尾は見事で約1・5メートルはあります。

　怖いという先入観があって目がきつそうに見えます。いややなあと思いつつ中に入って、いつ来るかいつ来るかと気にしていましたが、なぜか無事終えることができました。そして、出口の扉を開けたその時、「ピィー」

気のきつかったハッカン

と鳴いて電光石火の如く僕の頭の上へ一直線。左手にチリ取りと竹箒と餌箱、右手は扉の取っ手だったので、振り払うことができず、そのまま横っ面を思いっきり蹴られたのです。確か出しなに向かって来るとは聞いていましたが、すっかり忘れていたのです。これはハッカンよりも痛かった。それよりも、もし僕が攻撃をかわして頭をひょいと下げていたら、オナガキジはそのまま外へ逃げたでしょう。裏はすぐ住宅街。

もし飼育第1日目から逃がしたらと思うと、痛さどころではありません。後に実際、この鶉鶏舎で逃がした係員がいましたが、飼育係にとっては逃がすことの方が死なせることよりも恥ずかしいこととなっていたようです。

そのほかのニジキジやミカドキジ、スミレキジなどは繁殖期にも関わらず全ておとなしく、むしろ急に飛び立って頭を金網に激突させないようにすることだけに気を付けました。

次は孔雀舎。ここは少し広く1室6畳あります。手前のインドクジャクは実におとなしいのですが、奥のマクジャクが問題なのです。気が荒いことは世界共通となっているようです。体格も一段と大きく蹴爪も5～6センチはあるでしょうか。目も鋭いのです。ちなみに江戸時代後期に描かれた円山応挙、狩野探幽の孔雀は全てこのマクジャクです。

「こいつは首を下げて横に振り出したら問題やねん」と一応先輩から釘をさされていました。

攻撃される前に早めに済まそうと、餌を先に与え、遠巻きに掃除をしていましたが、マクジャクがゆっくりと僕の周りを回り始め、首を横に振り始めました。いつくるか、いつくるか、そう思うと背筋がゾーとしてきました。多くの客が見ています。僕の緊張は高まるばかりで、掃除にならない掃除をしていました。

来た！羽音と同時に「バチバチッ」と頭へ飛び蹴り。体重6キロはあるでしょう、これはこたえました。耳がジーンとしびれて、間もなく血が吹き出てきました。手で

首を横に振り始めるとこわいマクジャク

押え、次の攻撃が来る前に何とか素早く外へ出ることができました。

今日みたいな日が明日もその後も毎日続くのかと思うと、たまらなく気が重くなりました。何か鎧のようなものはないものかと、その時は真剣に考えたものです。

担当を始めた時期が特に発情期だったということもあるのですが、初日にしてオナガキジとマクジャクたちの飛び蹴りの洗礼を受けた僕は、家禽とは違う野生の本能、オスはメスを守り縄張りを守るという強いその闘志に圧倒されたのでした。

そして趣味とは違う仕事の厳しさも同時に彼らから教わったのでした。

＊1　鶉鶏舎は1938（昭和13）年に建てられたもので、1992（平成4）年に新しく建て替えられ、名称もキジ舎となっている。1965（昭和40）年のころは、コンクリートの床面に砂を敷いただけで植栽は全く無し。4畳半位の狭い中で木があれば、客から鳥が見えないというクレームが殺到したであろうし、ネズミの被害も絶えなかったかと思います。

＊2　代行という名もその後、代番や副担当という名に変っている。
当時の鶉鶏舎での、自然孵化は難しく、産卵した卵は全て孵卵器で孵化させていた。クジャクなどは、インドクジャクとマクジャクの雑種も居て、あちこちの収容舎に分散して飼育されていた。めずらしいものでは、セイランやフサホロホロチョウが既に飼育されていた。

＊3　主担当（本番）と副担当（代行）がおり、主担当が休みの日は、副担当が担当する。

オオミズナギドリ

――餌付かぬ難鳥

１９６５（昭和40）年6月6日、「ナギちゃん」と名付けられたオオミズナギドリが、石川県輪島に住む石畑久雄さん宅から寄贈されてきました。ナギちゃんは多分、新潟県の佐渡島の繁殖地で孵化し、巣立ちしたのでしょう。

その後、南の国（フィリピンやオーストラリア北部）への渡りの途中、台風か何かの原因で落下してしまい、弱っているところを11月8日、石畑さんによって保護されたのです。手厚い看護のおかげですっかり元気になって、６カ月間もの長い期間飼育されていました。特におばあさんにはよくなついていて、イワシやタイの臓物、生きたドジョウをもらっては、自ら食べていたそうです。

そのニュースを知った動物園が、この鳥を是非飼育展示したく、石畑さんにお願いして譲ってもらったのでした。

それには理由があって、ちょうどこの年（昭和40年5月）、オオミズナギドリが「京都府の鳥」に指定されたのです。ウグイスやヒバリ、ホトトギスを抜いてシンボルの鳥になったとはいえ、ほとんどの人は見たことが無く知らないのが現状。そこで動物園としては、この機会にオオミズナギドリを間近で見てもらい、知ってもらおうと思ったのです。

ところが動物園へ来てたったの4日で、ナギちゃんは死んでしまったのです。翌日の新聞に「ナギちゃん昇天、4日の命。急激な環境の変化によるストレスが原因か」という見出しで掲載されました。

残念な結果に動物園も大きなショックでしたが、何といっても担当者の黒田昭三さんが一番こたえたにちがいありません。

素人に飼えてプロが飼えずに死なせてしまったことは、鳥専門の大ベテランだけに誰よりも責任を感じたと思います。

僕はというと、動物園に入ってまだ2カ月余りで、オオミズナギドリの「オ」の字も知らない状態。ただ黙って黒田さんの言う通りに協力するだけの代番者でしかありませんでした。

空室になっていた元バク舎の寝室をナギちゃんの収容舎として、暗い室内で黒田先輩と2人っきりで餌付けをしました。

超忙しい小鳥舎の仕事に、ナギちゃんの餌付けが加わったから昼休みもとれません。汗びっしょりになって、石畑さんがやったようにイワシやタイの切り身を与えるのですが、一向に食べる気配がないのです。ピンセットで挟んだ餌を左右に動かして誘うのですが、全くつまもうとしません。生きたドジョウを水鉢に入れて泳がせてもダメ。翌日もかたくなに抵抗します。ついに最後の手段、強引に食べさせることにしました。死なす訳にはいかないからです。僕が嘴を開け、黒田先輩がさし餌をしたのですが、それもしばらくして吐き戻しました。塩水につけたイカの切り身も吐き戻します。佐々木時雄園長や滝沢晃夫獣医が心配して時々確認に来ますが、いい返事ができません。

さし餌をする

そしてとうとう食べさせることができないまま死なせてしまったのです。地味でおとなしく、プーンと水鳥独特の鼻をつく匂いを漂わせ、時々嘴を横に振って鼻から水を出す。つぶらな瞳をしたナギちゃん……。

もし、動物園ではなく石畑さん宅で飼われていたなら、もっともっと長生きできたであろうことを思うと、かわいそうな気がしてなりませんでした。

翌年、僕は猛禽舎の担当となり、同時に秋の渡りで迷行落下し、保護されて持ち込まれたオオミズナギドリを担当することになったのです。なんと、その年は38羽も持ち込まれました。

自ら採食するものは1羽もなく、全て強制給餌となります。朝夕2回、各羽にアジを2～3匹ずつ与えます。

元気なものは、手に飛びかかって噛みついてくるほどで、噛まれるとけっこう痛かったです。そのタイミングを計ってアジをくわえさせるのですが、決して飲み込むものはいませんでした。

飛べるほどに回復したオオミズナギドリは、京都府の林務課の職員が、和歌山県の新和歌浦まで運び、そこで海に放鳥するのです。

放鳥できないオオミズナギドリのうち、1羽を動物園に許可をもらって、僕は下宿へ持ち帰り餌付けをすることにしました。

動物園では助からない状態の小鳥の巣立雛やアオバズクの雛も、下宿へ持ち帰り、深夜まで根気よく餌付けた結果、全て死なせずに済んだからです。

僕は、先輩からもらった古いラジオで深夜放送のＡＢＣヤングリクエストなどを聴きながら、園から頼まれた小鳥の種名看板の絵を描き、同時にオオミズナギドリの餌付けもしました。しかし、なかなか食べてくれません。時々、「ピーピー」と鳴きさわぐので、下宿のおばさんには不審に思われる羽目となりました。どうしても自らは食べようとしないので、仕方なく強制給餌を毎日続けていたのですが、極寒の１月半ば、餌付かぬまま２カ月足らずで死なせてしまいました。

その後担当が鳥類から離れたこともあって、オオミズナギドリとは縁遠くなってしまいました。しかし、１９７４（昭和49）年にこの島の生態調査があり、僕も冠島へ行く機会を得たのです。

冠島は京都で唯一、オオミズナギドリが集団繁殖している島として有名です。舞鶴市の北方28キロ沖に位置し、１９２４（大正13）年に国の天然記念物に指定されています。無人島ですが、海が荒れて港に帰れない漁師にとっては、一時避難できる安全な島なのです。そのため、沿岸漁民の人たちは昔からこの島をオオミズナギドリを含めて大切に保護してきました。立派な神社も祭られていて、毎年参拝行事がとり行なわれています。

１９６０（昭和35）年には環境庁鳥類標識事業の観測の２級ステーションになってい

て、冠島調査研究会の吉田直敏会長をはじめ、山階鳥類研究所、日本野鳥の会の皆さんによる並々ならぬ調査研究が続けられていました。動物園もその一員として、調査やバンディング（脚輪の装着）に参加協力をしました。

繁殖期に入った5月、夕方になると漁を終えた何万というオオミズナギドリの大群が島に戻ってきます。日没前、鳥たちは島のまわりを一斉に時計と反対回りで50分ほど飛んだ後、今度は「鳥柱」と呼ばれる円柱の形に百メートル以上舞い上ります。その光景には神々しさすら感じました。すっかり暗くなると、やがて島の上空へやって来て、自分の巣の辺り

冠島での筆者

を目指して着陸します。ドサッ、バサッと木の枝や地面に落ちてくるのです。それをすべて捕え脚環を付けます。僕は捕獲役、獣医の滝沢さんは脚環装着で手際よく作業をすすめます。動物園へ保護されて運ばれたのとは違って、ここでの鳥は全て元気で力強い。

一応各自作業が終わると小屋へ入り、シュラフにもぐって一眠り。ところが鳥たちの声で眠れたものではありません。ピーピー（オス）、ギャーギャー（メス）の鳥地獄といわれるすさまじい騒音（ラブコールか、縄張り宣言か）が始まります。深夜3時間ほど静かになるのですが、また夜明け前から、今度は海へ出発するため、その滑走路となっている大木の前へ鳴きながら集まり、再び、「ギャー

夜明け前餌を求めて冠島を飛び立つ

ギャー、ピーピー」が始まるのです。

この鳥は離陸が苦手なため、特に冠島のような木が生い茂っている地形では、直接地面から飛び立てません。そこで、嘴を使って羽ばたきながら木に登り、海へ向かって飛び立つのです。ですから「木に登る海鳥」としても有名なのです。

一列に並んで木に登る光景も、何万羽もの群飛も、地面の巣穴も、そして自然そのものの無人島にいることに、まるで別世界にいるような感動を味わったのです。ついでに、ここにいるアオダイショウの大きさにも驚きました。オオミズナギドリの卵や雛を食べ、そしてそれを狙うネズミも食べているからでしょうか、丸々と太っているのです。

京都市動物園は１９８０（昭和55）年と56年に、文化庁と環境庁の許可を得て、オオミズナギドリの卵を各25個持ち帰り、人工孵化と育雛の研究に取り組みました。その結果、昭和56年にやっと１羽成功し、日本動物園水族館協会より「繁殖賞」を受賞したのです。

若い獣医の別所伸二さんたちの努力と苦労の結晶です。僕はその記録を依頼され８ミリカメラで撮影しました。この個体は１６１日間生存しましたが、人工育雛にもかかわらず、決して自分で餌を食べないため、最後まで強制給餌が必要でした。

さらに別所君の記録によると、1962(昭和37)年から1984(昭和59)年までに保護されたオオミズナギドリ438羽中、自ら餌を食べたのは、たった1羽だけでした(120日間生存)。

このことは、いかにこの鳥が餌付かない難鳥であるかを物語っています。

将来、大きな海水プールでイワシやアジを泳がせ、強力な送風装置を設置した設備で、水面を波立たせたなら、この鳥の自力採食と波を薙《な》ぎって飛ぶ勇姿が見られるかもしれません。

それは夢の又夢として、なにより大自然の外洋の海鳥としてたくましく生き続けてほしいです。

かつて魚群探知機などが無かったころは、漁師たちにサバドリとして重宝されていました。オオミズナギドリの群れるところには必ずイワシなどがいて、それを食べるサバなど大きな魚がいたからです。

今もなお、冠島ではオオミズナギドリが大切に保護され、約20万羽生息しているとのことです。そして晩秋、渡りのころ、やはり幼鳥たちの迷行落下があって、数こそ少ないものの、毎年保護されては動物園に持ち込まれているそうです。

ゴリラの飼育

恐怖のジミー

飼育係になってもうすぐ5年。

僕は小獣類と好きな猛禽類を担当していて、あこがれのクマタカを腕に止まらせては、鷹匠気取りで楽しい毎日を送っていました。

その年の暮れ、1969（昭和44）年12月、新しく類人猿舎が完成し、それに伴って一部担当替えが噂されていました。そんなある日、僕は滝沢晃夫さんから「髙橋君、キミ、ゴリラやってみーひんか」と言われたのです。

滝沢さんは獣医でしたが、京都市動物園を一身に背負っているような超実力のある存在で、将来のゴリラ担当の後継者についても、若い僕にと考えていたようなのです。

「えっ?僕にゴリラを?なんで?」最初は冗談だと思いました。僕はサルが大嫌いで怖かったのです。

それがゴリラだなんて、まさに青天の霹靂《へきれき》です。

そのうえ当時、オスのジミーは既に200キロを超えるごっついゴリラに成長していて、担当の猪飼翌夫さんと代番者以外は容易に近づくことができませんでした。

僕の半年後に飼育係になった小島一介さんは、ゴリラの飼育実習をしたのですが、その時、ジミーに頭から全身水をかけられ、「もう見るのもいやや！」と真っ青な顔をして帰ってきましたし、代番の小嶋保太郎先輩も「あのジミーが素直に餌を受け取ってくれるまで、わしは半年かかったわ」と話していました。

本番の猪飼さんは、僕が生まれた年にはもう既に動物園で働いていて、サルが好きで主にサル島やサル舎を長く担当したそうです。その間、テナガザルとチンパンジーの繁殖とその人工哺育にも成功しています。

ゴリラについても、入園以来、ジミーとベベを赤ちゃんの時からずっと担当している超ベテランですので、僕とのギャップはあまりにも大きすぎます。しかし、その時、滝沢さんに何と返答したかは全く記憶にないのですが、断ることなどできなかったのでしょう。

そして12月16日、担当替えが発表され、僕は本番に新走鳥類舎（ダチョウ・エミュー・ヒクイドリ）・カモシカ舎・メンヨウ舎、代番に類人猿舎・カバ舎が言い渡されました。

渡辺敏雄課長は僕に一言、「ま、腕を引っぱられんよう気つけてや」と言っただけでした。

そして、僕が仕事の仕方、餌の与え方などを聞きに類人猿舎へ行った時のことです。初めて入ったキーパー（係員用）通路にはすでにあの腋臭のようなゴリラのいやな臭いが充満しています。「よろしくお願いします」と言うと、「こっちこそよろしゅう頼みます」と返されました。猪飼さんは大先輩にもかかわらず大変物腰の低い方で、僕のような若輩にも優しくおだやかに接してくれるのです。

そして、チンパンジーたちにも同じように優しく「タローちゃん、ハッちゃんやー」と声をかけるのです。チンパンジーたちも甘え声やキスなど、大げさなほどの挨拶で応えるのですが、その時の猪飼さんの仕草がチンパンジーそっくりなので、一瞬、この人はチンパンジーじゃないのかと疑ったものでした。

チンパンジーの紹介をしてもらって帰る時、勢いよく僕に糞が飛んできました。誰が投げたか分かりませんが、多分、ハッちゃんです。猪飼さんはただ笑っていました。

次にオランウータンのゴローとナナ。

柵に顔をくっつけ無言でじっと僕を見つめたままです。「これはおとなしいなあ、人間そっくりやなあ」と思いつつ、ゴリラの方へ行こうと横を向いたその時、ペッとツバが飛んできて見事にかけられました。油断もスキもありません。

さて、最後にゴリラです。いややなあ、怖いなあと思うと余計怖くなります。鉄板扉が開いて、ゴリラを目の前にすると、観客通路とは大違いで、ジミーの大きいこと大きいこと。しかも床面が一段と高いので、より迫力があります。既に興奮しているのが分かります。肩を大きくいからせ、毛を立て、四肢に力を入れて踏ん張り、口をふくらませて固くつぐみ、顔を横に振りながら鋭い眼光でチラッチラッと見てきます。

水をぶっかけて追い返したいようでしたが、猪飼さんが僕の前にいるのでそれができずにイライラしていました。

そして代番当日です。その日は特別早めに出勤して自分の担当を全て済ませてから、類人猿舎へ。手順通り、オランウータン、チンパンジーと作業をしたのですが、予想以上に早くすんなりと行えました。幸い皆、若い個体だったからだと思います。助かりました。

さて、問題のゴリラです。気を引き締めていざ扉を開けると、その鉄板扉を指でおもいっきり押して開けてきました。

ジミーでした。威嚇スタイルで身構えています。

怖くてまともに顔を見ることができませんが、勇気を出し「はい、ミルクやでー」と言って恐る恐る哺乳ビンを柵内に入れたところ、ポイッと指ではね飛ばされこぼしてしまいました。2本目も全く同じように全部こぼされました。その太い指にビビッてしまいます。野球のグローブのようで僕の4倍はあります。仕方なく再びミルク（ドライミルク）を作って挑戦したところ、何と今度は飲んでくれたではありませんか。思わず、ヤッターと喜んだのも束の間、次の瞬間僕の顔へ「バシャ！」と吐きかけてきました。飲み込んだと見せかけ、僕にぶっかけるために一旦口に含んでいたのです。

なんていけずをするのか、それを見ていたお客さんは笑っています。

ジミーの威嚇

ミルクを与えるのは諦めることにして、掃除をすることにしました。隣室へ移ってもらうために仕切り扉を開け始めた時、ジミーはその扉をおもいっきり押し開けてきたのです。もしその反動で取っ手が当たれば僕は大怪我をするところでした。それでジミーが隣へ移ってくれると思いきや、そこへ腰を降ろし居座ったのです。移ってくれないと掃除に入れないので、仕方なく水攻めをしました。遠くから少しずつ水しぶきがかかると移動してくれるかなと思ったのです。

ところがこれが気にくわなかったのです。反対に放水の水を手に受けて立ち上がって突進して来ました。その時もの凄いドラミングがありました。「ポコポコポコ」てなものではありません。「パパパパパパーン！」という大音響、そして扉に体当たりです。心臓が止まるかと思いました。とても移動させるのは無理です。

少し休みをおいてから、今度は檻の外から放水の圧で糞とゴミを一旦柵の外へ出すことにしました。掃除にこだわる僕は、時間が掛かってもどうしてもゴミや糞は柵外へ出したかったのです。苦労して苦労してもう少しで全部柵の外へ出るという時に、ジミーは何とそこへ行ってわざわざそれを全部中へ手でかき戻すのです。

腹は立ちますが、クソ真面目な僕はそれに懲りず勇気を出して再びやり直していると、それに怒ったジミーは、汚水混じりの糞とゴミを手ですくって僕に投げつけ、同時に体当たりと足蹴りがきました。

「ドーン！ガッチャーン！」

扉がこわれんばかりのその音に、隣のチンパンジーが「ギャー、ギャー」と悲鳴を上げ、類人猿舎の中は大音響に。こっちこそ悲鳴を上げて逃げ出したくなりました。その時、ジミーが蹴った扉の下部の鉄筋（１・５センチ）が三本、何とグニャッと外に曲がったのでした。

その後も何日も同じような日が続きましたが、絶対ゴリラには怒らず忍の一字で耐えました。代番の日は、昼休みはもちろん、夕方閉園後もできるだけゴリラと接して僕を覚えてもらうようにしました。リンゴなどの皮をむいて与えたり、パンにしても動物園よりおいしいパンを売店で買って与えました。バナナについても気をつけました。ジミーにはこだわりがあって、熟したものでないと見向きもせず食べません。少し堅いと怒ります。

そんなジミーも１カ月を経過したころには、やっと「グー」という声を出して僕の手から餌を受け取ってくれるようになりました。

それでも、野外のグラウンドに出した日はまだまだゴテました。日曜祝日の客が多い日は、それに比例して投餌（投石も含む）の量が増えるのです。困ったことに、ジミーもべべも客に向かって手をたたき、ちょうだいのポーズをして催促をするものですから、なお一層投げ込まれるのです。

観客とは5メートルの水堀でさえぎられた造りになっているのですが、キャラメル・ソフトクリーム・ミカンなどは簡単に届きます。

すぐに行って僕は「餌やったらアカン！」と強く注意をすると、「ゴリラが欲しがっているやないか」とか、「退屈そうなので健康のために動かしてやったんや」など、屁理屈で返してきます。しかし、僕も負けず「そこに書いてあるやろ！」と立看板を指差すと、「何じゃわれ、字読めたら投げへんわい！」となぐりかからんばかりに食ってかかってくるのです。ゴリラに威嚇され、客に脅され、散々

観客に食べ物をねだるべべとジミー（左）

な目に会う日々でした。

菓子などで満腹になったゴリラは、夕方閉園を告げる蛍の光が鳴っても一向に室内に入ろうとしません。やっと入ってくれたと思って喜んで走って閉めに行くと再び運動場へ出てしまうのです。

デートなどで早く仕事を終えて帰りたいと思う日に限って、それが分かるようで、余計にゴテてきます。

そんな時、僕も考え、逆に「今日は何もないよ、いくらでもゴテてや」という素振りをして、口笛を吹きながら仕事をするのです。

すると案外すんなり入ってくれるのでした。

ジミーの死とマックの誕生

ある日、ジミーとベベが交尾をしたのです。それは本番の猪飼さんが休みの日に限って行われたのです。反抗的になり、すっかり大人になったとはいえ、ジミーは猪飼さんをボスと思って一目おいているのかもしれません。

普通、ゴリラのメスの発情は臭いや陰部の腫張で分かるといいますが、ベベの場合、普段とは違う別の顔に変わるのです。きょとんとしたその表情で発情していることが分かりました。

そしてソワソワとぎこちなく歩いたかと思うと、ジミーに尻を向けて中腰になり、何度も振り向いてはジミーの顔を見つめるのです。するとジミーはそれに応えてべべに近寄ります。べべはサッとジミーの腹の下へ尻から入ります。ジミーはべべの腰を両手で引き寄せ交尾をします。興奮が高まるとジミーは「ウッ、ウッ」、べべは「オ・オ・オ……」と小刻みに声を震わせます。交尾日はジミーの僕に対する威嚇もすさまじかったのですが、詳しく観察を記録して写真も何とか撮ることができました。

そんなジミーが虫歯が原因で死んでしまったのです。獣医さんたちによる懸命な治療も及ばず衰弱が激しく、おそらく200キロは超えていた（類人猿舎へ移動した当時は196・5キロ）体重は137・8キロまでやせ細り死んでしまったのです。

あのたくましいジミーが虫歯で死ぬなんてとても考えられないことですが、改めて歯疾患の怖さを思い知らされました。

申し分のない体格と顔付き、背から腰にかけての銀色のシルバーバックがとても美しく、威嚇が凄くて、走ると盛り上がった筋肉に漆黒の毛が波打って光るのです。

12歳の若さ、これからという時に亡くなるとは、僕以上に猪飼さんが一番残念だったに違いありません。

頑固に僕や見知らぬ人を寄せ付けず、怖かったジミー。どれだけ怖かったかというと、ジミーが亡くなってからもあのキングコングのようなジミーに睨まれ追っかけられ、必死になって逃げる夢を僕が5年間も見続けたくらいです。

赤ちゃん、マックの誕生

ジミーが亡くなってから1カ月後の1970（昭和45）年10月29日の午後2時過ぎのことです。「髙橋君！大至急類人猿舎まで！」というけたたましい園内放送がありました。園内の一番奥にあるカモシカ舎で作業をしていた僕は「また悪ガキが大きな石でも投げたんやろ。このクソ忙しい時に」と思いながら駆けつけると、既に獣医さんたち数人がいました。ゴリラが赤ちゃんを運動場で産んでいるという通報があったとのこと。見ると、べべが赤ちゃんを持ってソワソワと歩き、時折頭の上へ乗せたり、逆さに抱いたり、股間にはさんだりしています。

滝沢さんの指示ですぐ室内へ入れました。

そして間もなく本番担当の猪飼さんが駆けつけてくれました。猪飼さんは父親が亡くなり喪休中だったのです。

赤ちゃんにはまだヘソの緒と胎盤が付いていたので、まずそれを切ろうと猪飼さんはベベの部屋の中に入りました。ベベの好物のナシを見せるとすぐに近寄ってきました。皮をむきながら、そのスキにヘソの緒を切ろうとしましたがその試みは警戒され失敗に終わりました。

ベベの赤ちゃんを抱く形に不安があり、このままでは赤ちゃんの体温の低下、衰弱などのおそれがあり、やむを得ずベベから引き離して人工哺育に切り替える判断をしたのです。人工にすれば育てる自信が猪飼さんにはあったようです。

それと当時の世界の動物園の記録によれば、初産で赤ちゃんを無事に育てたゴリラは1頭もいなかったのです。

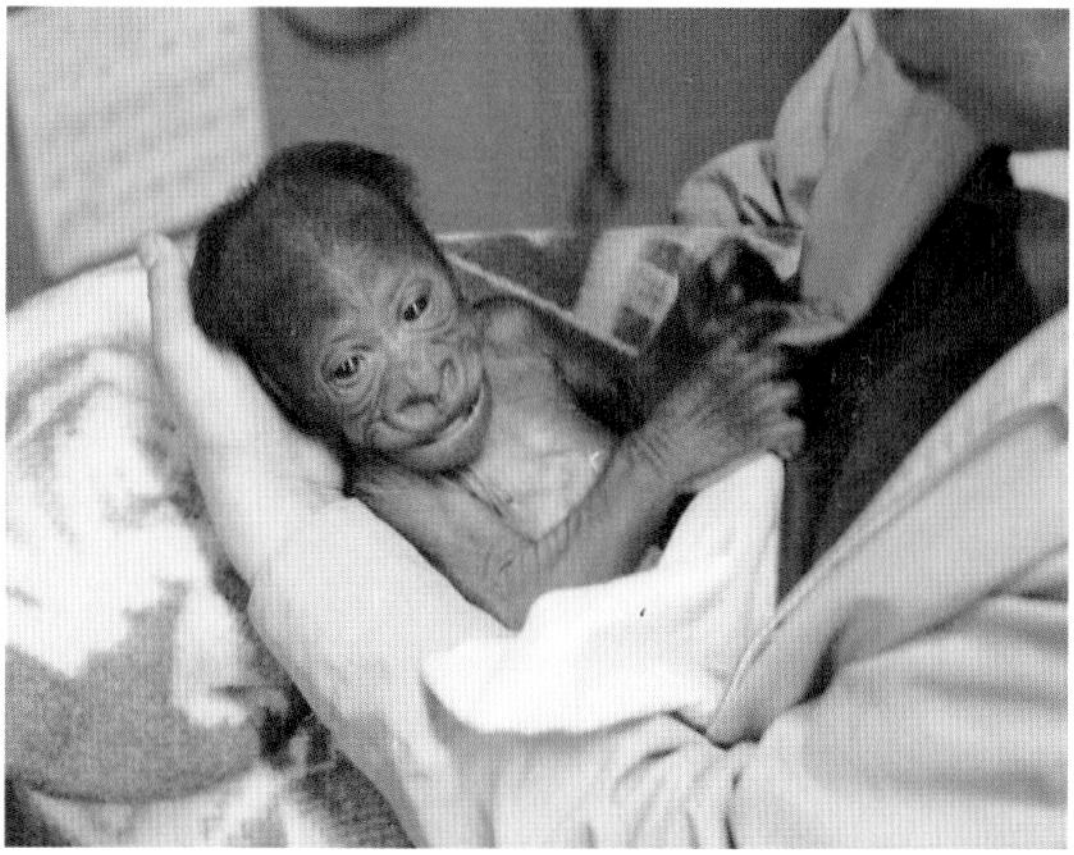

生後３時間のマック

べべをシュート（運動場と室内との通路）に上げ麻酔注射で眠らせ、無事赤ちゃんを取り上げました。

猪飼さんはすぐに人工哺育の準備、獣医さんたちはミルクの濃度、哺乳回数について記録を調べます。その間、僕は詰所のストーブで赤ちゃんを抱いて温めました。その時、ゴリラの赤ちゃんは見た目よりずっと重かったこと、そして、強く僕の腕にしがみついてきた指の力を忘れることができません。

こうして我が国初のゴリラの誕生は、とりわけ動物園のゴリラ担当者には、人類が初めて月面に降り立った時よりも衝撃が走ったのです。

赤ちゃんは生まれた時から黒かったので、猪飼さんによって「マック」と名付けられました。家は動物園から1～2分のところなので、最終22時の哺乳も猪飼さんがおこなったのです。しかし、哺乳も順調で元気なものの、マックには生まれた時から左目に先天性鼻涙管閉塞という病気がありました。

成長すると、詰まって溜まった涙の塊を指で押し出すことが不可能になるので、手術となりました。人間と違って難しかったそうですが、眼科医の長嶋考次先生によって、無事成功しました。それはマックが2歳を少し過ぎた時でした。

一方、べべは一人暮らしとなり、その淋しさと退屈を持て余し、餌を食べたらすぐに吐き出し、再びそれを食べるという吐き戻し（又は食べ戻し）が激しくなりました。

野生では見られないそうですが、飼育下のゴリラの7割が行う行動なので、僕らは特に心配はしていないものの、お客さんの方が心配して声をかけてくるのです。

その都度僕は「いや大丈夫です。動物園のゴリラはほとんどやります。楽しんでいるんですよ」や、さらに「それをしない時の方が具合が悪いんです」と、ウソではないが事実ではない説明をしたものです。

また、猪飼さんがべべの部屋の中へよく入っていたので、僕もいつかはゴリラの部屋の中へ入りたい、早く猪飼さんのようになりたいという一心で、今度はべべの部屋へ入ったのです。

いつも柵越しではありますが、「グー、グー」と甘え声で餌をねだってくるので、多分大丈夫だとは思っていました。しかし、メスとはいえ100キロを超す（類人猿舎への移動時は107・3キロ）成獣です。あのジミーと喧嘩しても決して負けていないのです。もし向かってきたら僕なんかひとたまりもありません。

それにまだゴリラの代番になって1年ちょっとなのです。信頼関係には無理があります。今考えると無謀でしたが、若かったからできたのでしょう。

中へ入ってベベが近寄って来た時は、やはり不気味でしたがすぐに僕は「はいベベちゃん、餌やでー」と言うと、いつもの「グー、グー」の声が出たのです。ホッとしました。もう安心です。

それ以来、勇気が出て、毎回ベベの部屋の中へ入るようにしました。よりベベとの親密さが増して、ますますゴリラという動物が好きになっていきました。檻の外と中ではゴリラに対する思いがこんなにも違うのかと実感しました。そしてなにより綿密に観察ができるのが良かったです。

三世、京太郎誕生

その後、類人猿舎ではいろんなことがありました。ベベの結婚相手として、伊豆シャボテン公園から7歳位の若いジョニーが来ましたが、既に体調を崩していて間もなく死亡し、ベベは上野動物園のオス、ブルブルとの繁殖のため東京へ旅立ちました。しかし、相性が合わず体調も悪いことから3年後に京都へ戻り、19歳の若さで亡くなりました。

それより前、マックが1歳半の時、将来の花嫁としてオランダからほぼ同じ年頃のミッチーがやって来ました。しかし、ミッチーは4歳半の時、プールに落ちて溺死したのです。おそらく遊んでいて、マックに突き落とされ、浅瀬（70センチ）を飛び越えて2メートルの深みに落ちたのでしょう。ゴリラは比重が大きいので、水にはまればもがく間もなく沈んでしまいます。マックはまた一人ぼっちになりました。

その後、大阪方面で個人が飼っていた3歳半位のメスが来ました。物怖じしない性格で、目と目の間が広いところから猪飼さんは「ヒロメ」と名付けたのですが、当時の人気アイドルの名にあやかり、「ヒロミ」に改名したのです。ヒロミはなかなかのおてんばで、内弁慶のマックをからかったりして怒らせることもありました。

1978（昭和53）年4月、猪飼さんは

ヒロミ親子と筆者

飼育係長になったため類人猿舎を離れました。

そして本番担当に僕が、代番に若い佐藤元治君が決まりました。

本番担当になると不思議に責任の重さを感じるのですが、同時により意欲も増すものです。僕は今まで以上にマックたちのことを思うようになり、中へ入ってレスリングなどをして一緒に遊びました。そして、餌を催促する時にはドラミングをするように教えたのです。

これはマックの両親が客に手をたたいて、ちょうだいのポーズをしたことから投餌が多く、虫歯の原因にもなったからです。

ドラミングはすぐに覚えました。おもし

餌のほしい時はドラミングをするように教える

ろいことに僕が普通、人間がゴリラのマネをしてよくやる拳をにぎって胸をたたくドラミングをしたのに、マックたちは本来、ゴリラがやる正しい平手で音を出しました。

次に僕はグラウンドのプール側の隅に大きな石を設置しました。これは、ヒロミがマックに突き飛ばされないように、マックが怖がる石を置いたのです。

オスは成長と共に力が強くなって、それを誇示したいのかチョッカイなのかは分かりませんが、時々メスに向けるのです。油断していると後ろから突き飛ばされることがあります。

べべはジミーに二度プールへ落とされました。幸い手前の浅い方だったので助かりましたが、ミッチーの場合はマックに奥の深みまで飛ばされたのでしょう。

通報によりすぐに飼育係の村田次夫君が飛び込んで引き上げたのですが、駄目でした。

またマックは、7歳を過ぎたころから僕に対して何かと反抗的になってきました。急にドーンとたたいてきたり、体当たりをしてきたり、走って壁を強く蹴ったりデモンストレーションをするのです。力も僕よりはるかに強くなっています。普通、この時厳しく叱らないとこちらが危険なのですが、しかし、反抗期は成長の証、僕はそれを認めて、決して怒ったり厳しい躾《しつけ》は一切しませんでした。そして以後、マックの部屋の中へは入らないようにしたのです。猪飼さんでもジミーの部屋の中へは入らなかったのです。力では絶対にゴリラには勝てません。今後はできるだけマックとヒロミの生活を第一とした飼育に考えを切り替えたのです。

マックが7歳11カ月、ヒロミが5歳11カ月（推定）の時、初めて交尾が行われました。この2カ月半前にヒロミは初潮があったので、妊娠の可能性が考えられ、妊娠診断（ゲステートAスライド法）をしてもらいましたが、結果はマイナス（陰性）でした。

その後、原因はわからないのですが、多分育ての親の猪飼さんが来なくなった（担当を離れた）からでしょうか、マックは吐き戻し行動が激しくなって、チンパンジーと間違われるほどガリガリに痩せてしまったのです。

その対策として、餌ではドライミルク、バナナ、煮甘藷、ゆで卵を大量に増やしてジューサーにかけ、ビタミン剤、消化剤、ハチミツを加えました。それからラジオを聞かせたり、鏡を見せたり、キーパー通路に鶏を置いたり……と苦心の毎日を送りました。いろいろ悩んだためか、僕も十二指腸を患う羽目になりました。

しかし、何が良かったのか分かりませんが、何とかマックの体調が回復すると、やがて今度はみるみる太り始めました。そして一段と体格が大きくなったころ、うれしいことに交尾が始まりました（10歳10カ月）。実はこの時の交尾はジミーの時と同じく、本番担当である僕の前では交尾をしていないのです。

交尾があった2カ月後に、ヒロミにつわりのような症状があったことから、一応、尿を調べてもらいました。

何とプラス（陽性）が出たのです。

体こそ大きくなったものの、まだまだ子どもっぽいところがあるマックなので、まさかと思って僕は再びヒロミの尿を検査してもらいました。

やはりプラスです。

しかし獣医の別所伸二君はまだ若く新米です。検査の仕方に問題はないか、試験薬が古くないのかなどを疑って、再度、尿を調べてもらいました。今度もプラスです。それでもまだ信じられない僕は、今度はマックと僕の尿で確かめてもらったのです。結果、マイナス（陰性）。そこでやっと納得し、ヒロミの妊娠を確信したのでした。次に出産に向けて僕がやったことは、もしヒロミが赤ちゃんを抱かなかったり、母乳の出が悪かった時に、僕が介添えできるようにと、毎日室内に入り、ヒロミとの信頼関係を深めました。

赤ちゃんのためには母親が育てるのが、なにより一番いいのです。それに僕たち人間側も手間とお金がかからず助かるのです。

しかし、ヒロミにとってはなにぶん初産、自然哺育の可能性が極めて低いのです。

そこで、何とか育児の学習になるものはないかと考えてみました。

アカゲザルの親子を近くに置こうか、人間の親子に来てもらって、哺育を実演してもらおうか、しかしどちらも怖いからといって断られるのが関の山。僕がモンチッチを抱いて見せても様にならないし……と悩んでいる時、偶然、アメリカのリンカーンパーク動物園で、出産直後のゴリラの哺育シーンがテレビで放映され、運良くちょうど係長がビデオに撮ってくれていたのです。「これだ！」と思って僕はそれを8ミリカメラに撮り、短く編集して、毎日夕方見せたのです。

次にマックとの遊びやレスリングで、赤ちゃんが流産にならないように、別居をさせ、気分をまぎらわす意味でラジオを聞かせ、観客や報道関係がストレスの原因にならないように、ヨシズを張ったり、夜間に、もし出産が行なわれても落ち着いて赤ちゃんを産めるように、常夜灯をつけておきました。

僕は許可を得て、出産予定日の1週間前から類人猿舎の倉庫に泊り込み、観察を続けました。夜半仮眠中の時、突然「ギャー！」というチンパンジーの声に「出産か！」と勘違いをして何度もだまされました。彼らは夜も時々起きるのです。

そして出産日と予定していた5月15日、僕は公休でしたが変更して出勤。するとヒロミが夕方になってもいつも食べる白菜を受け取らないのです。いよいよかと思い、胸が高鳴りました。そしてやがて陣痛が始まり、次第に激しく苦しみ、シュートから部屋に戻り、一気に出産、8時41分でした。ヒロミは、赤ちゃんを左手で受け取り、すぐになめ、ちゃんと胸に抱いたのです。すると間もなく青白い赤ちゃんの顔がやがて赤くなりました。大丈夫、元気です。

「ヒロミちゃんは偉いねー。しんどかったねー。よしよし」と声をかけてから、すぐに僕はまっ暗い園内を急いで走って事務所へ報告に行きました。

その夜、ヒロミは時折横になったり、仰向くことはありましたが、ほとんど一睡もせず、赤ちゃんを大事そうに抱き続けました。

翌朝、さっそく公報用に赤ちゃんの写真と性別チェックに入りました。赤ちゃんはオスでした。

無事出産したことと、初産にもかかわらず自然哺育であったことで、普段めったに褒めない小嶋保太郎係長が小さい声で「髙橋、ようやったな、これで翌ちゃん（猪飼さん）を超えたなあ」と言ってくれました。

幸運にも素晴らしいゴリラたちに巡り会えたからこそですが、我が国初の2世、3世のゴリラの繁殖に貢献することができて、僕を採用してくださった故佐々木時雄園長に少しは恩返しができたように思います。早速、お祝いにマックの育ての親の猪飼さんを始め、遠方の動物園のゴリラ担当者が駆けつけてくれました。

赤ちゃんの名前は一般公募で「京太郎」に決まり、マック以来の人気でお客さんを喜ばせました。動物園創立80周年を記念して京都市動物園のロゴマークも、京太郎と母親をモデルに描いた僕の絵が採用され、長く使われることとなりました。

まさに順風満帆と思われた日々でしたが、しかし、好事魔多し。その元気な京太郎に

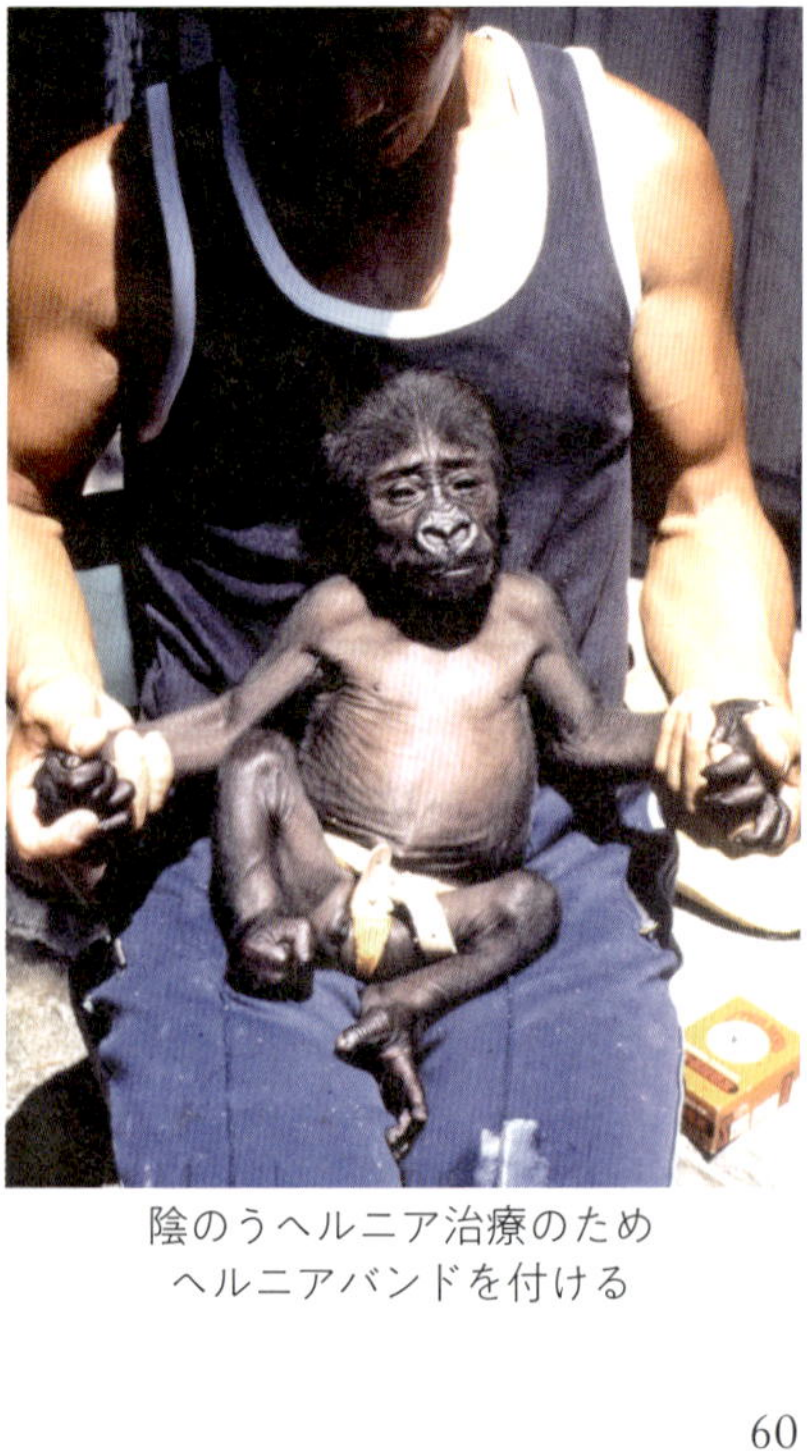

陰のうヘルニア治療のため
ヘルニアバンドを付ける

生後39日、左陰嚢ヘルニアが見つかったのです。命に関わることなので、やむを得ず母親に麻酔して京太郎を引き離し、治療をすることにしました。

　麻酔から醒めたヒロミは淋しそうに「ホーホー」と鳴いて京太郎を探し続けました。

　京太郎は人間の赤ちゃん用ヘルニアバンドによって、1カ月後には完全に治り元気そのものとなりました。しかしこのころ、既にヒロミの母乳も止まっており、戻すことができず、そのまま京太郎をこちらの手で育てることになりました。朝8時から夜8時まで3時間おきの哺乳、そして尿や便で汚れた敷物の洗濯、そして成長に合わせて木登りの訓練など……と人工哺育は大変ですが、こちらに懐

おしめの洗濯も大変

くというメリットがあり、それは何ともいえず可愛いものです。

しかし、人の手で育てると、人によく懐く一方、京太郎の本来の野生が失われ、ゴリラとしての生き方ができない恐れが出てくるのです。

マックの場合、生まれた時から人工哺育で育ったにも関わらず、立派な繁殖オスになれたのは、マックが1歳半の時にミッチーが来て一緒に暮らし、ゴリラとして育ったからです。

アメリカのアトランタ動物園に、ウィリー・Bというゴリラがいます。ウィリー・Bは27年間も淋しく「牢獄」のような檻の中での独り暮らしから、やっと30歳近くのころ、広い収容舎でメスたちと暮らすようになり、何頭もの子どもをもうける堂々としたシルバーバックになっています。

1人で育ったウィリーがなぜ繁殖を?と僕は不思議でならなかったのですが、記録を見て3歳までは、アフリカで野生のまま親や仲間と一緒に暮らしていたということが分かったのです。つまり、自分はゴリラであることがインプットされていたので、その後人間に捕まり、動物園で大人になってからでも仲間と出会うことでそれが甦り、ゴリラとして生きる術を身につけられたにちがいありません。

京太郎も少なくとも3歳までには同じゴリラと一緒にする必要があるのです。

しかし、すぐに相手が見つかる見込みはありません。

そこで僕は京太郎にどうしてもゴリラとして育って欲しいために、毎日、京太郎をおんぶして類人猿舎のマックとヒロミに会わせに行きました。声や臭いを覚えてもらうためです。しかし、その一番大事な時期に担当替えがあったのです。熱心な代番の佐藤元治君にもその教育の引き継ぎができなくなりました。

僕は再び青天の霹靂《へきれき》を味わったのです。

なによりつらかったのは京太郎でした。

僕を見つけると、ドタドタドタドタッと走って

モンチッチを怖がる京太郎

来て檻ごしに「ギャーギャー」泣くのです。

なぜ来てくれないのか、なぜ抱いてくれないのか、という目をしているのです。

それを見るのがたまらなく辛いのと、後任担当の山下直樹君に早く懐いてもらう必要があるので、僕は断腸の思いで以後、京太郎には近寄らないようにしました。

もともとゴリラが怖くて大嫌いだったではないかと、自分を慰めながらも、あまりにも可愛く懐っこかった京太郎や、僕とは阿吽《あうん》の呼吸ともいえる間柄となっていたヒロミ、それにいつまでも教えた餌ねだりのドラミングを忘れないマック。しかも、マックは僕が室内掃除中、演歌を唄うと必ず「ウグー」と見事に機嫌のいい合いの手を入れてくるようになっていたのです。

さらに、その巨体に似合わず檻ごしに「追っかけっこ」をせがんでくる様子などは、まるで子どものようで思い出すと枚挙にいとまがありません。どうしてもそれらが思い浮かんで自然に涙が出てくるのでした。こうして、僕はゴリラのその臭いまでもたまらなく好きになっていたのでした。

威嚇をするマック（このころ体重は200kgを超える）

ロゴマークは1983（昭和58）年～2018（平成30）年まで使用された

ニホンカモシカ

――初めて育ったテツ

１９７０（昭和45）年７月８日。

どんよりと曇った梅雨空に、椎や樫の大木でうっそうと茂ったカモシカ舎は一層暗くなっています。

僕は今日もツルコの出産に備えて早朝からの観察です。

カモシカは日本固有の動物であり、国の特別天然記念物に指定されているにもかかわらず、日本の動物園は外国の人気のある動物ばかりを集めそれに力を注いできました。

そのため、カモシカについての知識と飼育技術が確立せぬままほとんど短命に終わるという惨憺《さんたん》たる失敗の連続で、飼い難い動物として〝難獣〟視されてきたのです。

その後ようやく飼育の軌道に乗ったのは、１９６０（昭和35）年頃からで、初めてその繁殖に成功したのが１９６５（昭和40）年８月12日。

それは三重県御在所岳の山頂（１２００メートル）にある日本カモシカセンターで、ゴンとドラから生まれたチコでした。

その功績が認められ、飼育にあたった伊藤武吉さんが第１回高崎賞を受賞していま す。そしてそのチコからわずか２週間後の８月26日、神戸市立森林植物園では、しか子が初子を出産し繁殖に成功しました。もちろん当時の京都市動物園も、繁殖に向けて並々ならぬ努力が続けられていたのです。園内の一番奥の新開地と呼ばれた離れた所で、4頭が飼育され、広い収容舎は3つに区切られ、2室にはおのおの夫婦。それと予備舎がありました。近くに疏水と小川（草川）があり、椎、樫、松の大木で涼しく、客も少なく静かといったカモシカの飼育には最良の環境にあり、京都は日本カモシカセンターと並んで繁殖の最有力候補だったのです。

昭和40年、まさに年を同じくして、京都も繁殖がみられました。ただ残念ながら流産でした。日本カモシカセンターに先を越された当園の先輩たちは皆、大変くやしがっていました。

流産したスズコは、翌年もまた流産をし、さらに、そのうえオスは重い肺結核（ヒト型＝多分観客からの感染）で死亡してしまうという不幸に見舞われました。ところがもう1組の夫婦（テングとツルコ）にも繁殖がみられ、42年から毎年3年間赤ちゃんが生まれました。しかし、これも残念なことに生後2～3カ月のころに下痢が原因でたて続けに死亡してしまったのです。

そんな中、図らずも僕がカモシカの担当になったのですが、その時、生意気にも〝何としても成功させてやろう〟という強い意志があったのです。

カモシカについての知識も下痢についての対策も特に持ってはいませんでしたが、前任者からは引き継ぎの際、「下痢が来たら樫を与えるように」とだけは聞いていました。

オスのテングは全身明るい灰色で美しいのですが、ただ角がいつ頃折れたのか2本共短い。メスのツルコは褐色で小柄。2頭共おとなしく、向かってくることはありません。ツルコは軟便ばかりで時々下痢になります。カモシカはため糞をするので、糞場は掃除で凹地となっていて汚水が溜まりハエが湧き、とても汚くなっていました。僕はまず一番にここを整地することにしました。溝を作り排水をよくして、さらに砂を敷いて清潔を保つためです。これでカモシカの足が糞などで汚れることが無くなりました。

次にカモシカという動物は、草や根菜類やペレットより木の葉が一番好きだということが分かりました。木の葉を食べることでツルコの便は毎日黒光りする粒糞に変わりました。丈夫な赤ちゃんが生まれるように、まずツルコの母体を丈夫にしようと根菜類やペレットのほかに毎日樫や椎、桜にカエデなどの木の葉を園内のあちこちから少しずつ集めてきては与え続けました。

カモシカは反すうなどで休む時、毎日座る場所が必ず決まっていました。赤ちゃんもおそらく母親と同じ場所で休むであろうと思い、そこにコンパネを敷き、赤ちゃんの腹が冷えないように乾草を敷きました。もちろん、雨を嫌うカモシカのためにその上にビニール波板の簡単な屋根を設置しました。

僕はツルコの出産時、不測の事故などが無く、無事に産ませてやりたいため、早朝と夕方の観察のために園に泊りたい（もちろん超過勤務手当など度外視して）旨を園に申し出たところ、林田禮俶園長からも許可が出ました。

疏水の上ではヨタカが鳴いて飛んでいます。カモシカ舎の大木からは、アオバズクに捕まって「ギギッ」というアブラゼミの声が時折聞こえます。蚊にさされながら、夜明けから開園まで、そして勤務を終えた閉園後も暗くなるまで観察を続けました。

カモシカ一家

今朝もツルコに異状は見られません。宿直当番明けで巡回に来た職員は小さく「まだでっかー」と声をかけてきます。「もう近いんやけどー」と僕。

そういえば、申し分のないほどでかくなったツルコの腹を見て、「もう3日やなー」「いやまだ1週間でっせ」と、技術係長や獣医さんたちと出産日を予想した日から今日でもう10日が過ぎていたのです。

重そうな大きな腹部は幾分後方に下がり、尾も上がり気味。排尿回数も多くなってはいるものの表情・食欲共に昨日と同じ。

この分だと今日も出産は無いと判断して、今朝の観察は8時で打ち切りました。連日の園での泊り込みは今日で22日目だったので、さすがに寝不足による疲れもあり、公休の今日は一度家へ帰ることにしたのです。

それから3時間後の11時過ぎ、電話の音で飛び起きました。「おい髙橋、カモシカが生まれかかっとるぞ!」と、園の湯本賤男先輩からでした。僕はすぐにバイクで急ぎ園へ戻りカモシカ舎へ。

幸いツルコはまだ陣痛の段階でした。陣痛は30秒と短いものから2分間に及ぶものもありました。やがて陰部から羊膜に包まれた赤ちゃんの一部が見え隠れするようになりました。それが次第に大きくなって、前足、次に頭が出ました。動いているのが判ります。生きています。そして次に肩部が出ると同時にドサッと生まれ落ちました。午後1時2分。小屋の横でした。赤ちゃんの生まれ落ちたその音で、近くにいたオスのテングはびっくりして走って逃げました。

出産は陣痛開始後約2時間42分でした。ツルコは興奮気味に周囲を警戒しましたが、まもなく赤ちゃんを盛んになめ始めました。

顔の羊膜もとれて、赤ちゃんはイモムシのようにモゾモゾと1メートルほど移動しました。

やがて出生後13分、赤ちゃんはやっとこさ立つことができました。

ツルコは小屋の裏で後産をきばっていたころ、赤ちゃんは母親と思ってオスに近づくと、この時もテングは逆にあわてて逃げました。その後、赤ちゃんがかろうじて2メートル走ったのは出生後38分。初

当園初の繁殖成功第１号のテツ

めて乳を飲んだのは出生後40分でした。

夕方7時6分、雨が降り続く中、オスも母子も屋根下の乾草の上で仲良く座っています。テングは反すう、ツルコは時々自分の腰のあたりをなめています。赤ちゃんは母親にくっついてぐっすり眠っています。

とにかく無事生まれて良かった。そしてなにより今日が公休だったため、観察に集中することができ、陣痛―出産―哺乳を秒単位で記録することができました。僕はツルコに感謝しつつ、ひとまず安心してすっかり暗くなった雨に煙るカモシカ舎を後にしました。

翌日、赤ちゃんは母親にしっかり守られ、哺乳も順調に見られました。赤ちゃんはオスでした。確認のために無理して捕えなくても哺乳の時、赤ちゃんは必ず尾を上げるので、その時に陰部を見れば判ります。

公報のため、僕に命名の依頼が来ました。僕は迷わず〝テツ〟と付けました。それはこれまで生まれた赤ちゃんが全て死亡して育たなかったからで、実は僕も兄が2人幼くして亡くなったのです。父は僕が生まれた時、今度こそ鋼鉄のようにたくましく育ってほしいと鉄雄と付けたように、僕もカモシカの赤ちゃんには願望をこめてテツと命名しました。

ところが、担当者の名前を付けるのはいかがなものかと、例によって記録にこだわる獣医の滝沢晃夫さんからクレームが来たのです。

そこで僕は「いえ、それはテングのテ・とツルコのツ・の頭文字から付けたんですけど」と偶然的確な言い訳が思い浮び、それで一件落着したのでした。

テツは生後10日目には母乳のほかに既に桜の葉9枚、カエデ12枚、ジャガイモ2切、そのほか、自生している青草、乾草も摂取しています。

そして生後41日目、問題の下痢がとうとうテツにも来ました。原因は分かりませ

父親（テング）と母親（ツルコ）とテツ

ん。

このころ、固形物も食べるようになったので、胃に負担がかかったのか、暑さによるものか、水の飲み過ぎか、何か急激なストレスによるものか、細菌性のものか……。

とにかく餌は根菜類とペレットは不給とし、樫とカエデのみ与え、獣医さんに報告しました。2日目も様子を見ていましたが、下痢は良くならないので、3日目の朝、治療することにしました。

捕えると「メェー」と鳴いて力強くあばれました。さすがにこの時、ツルコは「フシュー！」と声を発して走りながら前足でパンパン地面をたたいて威嚇してきました。

カモシカ舎からは離れたところにある走鳥類舎の室内の1室を暗くしてワラと麻袋を敷き、そこへ収容しました。治療としては、モリアミン、パンビタン、スルキシン、ブスコパンを皮下注射。経口投薬としてはビオホルムとあの黄色の苦いワカマツをおのおの口の中へ塗り込みました。

翌日、目は輝き鼻も湿り、前足で地面をたたいて元気よく威嚇してきました。排便は粒糞10グラムと粒塊が30グラム、下痢便はありません。そのうえなんと昨日与えた餌のうち、ジャガイモを１２０グラム、人参36グラム、甘藷35グラム、カエデ（小）約５０

0枚、椎25枚、23枚、水540ccを摂取していたのです。すっかり回復しているので、獣医さんと相談して午前中にカモシカ舎へ戻すことに決めました。その前に一応皮下注射と経口投薬をしました。

テツは一目散に走って母親のもとへかけ寄ったのですが、その時の足の速かったこと速かったこと。急斜面を石がころげ落ちるようでした。ツルコもすぐにテツを受け入れ愛撫しました。

その後テツは一度も下痢にはならず、暑い京都の夏を乗り越え、当園初の繁殖成功第一号となったのです。

テツの後も、毎年赤ちゃんが生まれ、京子、ナガオ、フミオとおのおのに下痢がきたものの早期発見、早期治療が良かったのか全て順調に育ちました。僕はカモシカが好きになって、カモシカ観察会に参加したり、大町山岳博物館の千葉彬司さんにお会いしていろいろ教わったものでした。

しかし、1974（昭和49）年新しく爬虫類館ができると同時に僕はカモシカの担当を離れることになったのです。皮肉にもその後に生まれた赤ちゃんは、再び毎年死亡をくり返したのです。やはり下痢が主な原因とのことです。

そんな中、テツは永く生きて1992（平成4）年8月27日、老衰により死亡しました。実に22年1カ月19日で、当時飼育下の記録としては、オスでは最長寿であったのです。

近年、カモシカが人里に現れたニュースを多々目にしますが、生息数が増えたのか、野犬がいなくなったためでしょうか？ それでも日本固有種であるこのニホンカモシカを知らない人が多いのも確かです。日本の動物園では欠かせない動物です。かつて難獣といわれたほど、飼育の難しかった動物、いや今でも飼育下ではまだまだ奥の深い動物だと思います。

僕もカモシカが好きです

ヨーロッパバイソン

——脱柵（一）（二）

（二）

1973（昭和48）年1月10日、2頭のヨーロッパバイソンを乗せた極東貿易のトラックが、午後2時前に動物園に到着しました。しかし、バイソン舎がまだ完成していないため、元、温暖室で更地（爬虫類館建設予定）になっているところへ丸太で造った仮の収容舎へと運ばれました。輸送箱はフォークリフトで降ろされ、そこからは中に入れないので、皆の人力でコロを使って所定の場所へ移動させます。

なにしろ京都では初めての動物。珍しいバイソン（野牛）を一目見ようと、文化観光局の上司をはじめ、園長以下僕たち職員総出で迎えました。動物好きの女性事務員も、売店のおばさんたちも興味津々、続々と集って来ました。

このヨーロッパバイソンは、ポーランドにある有名なビアロウィザ公園で生まれたもので、約1カ月船旅を経て、昨年12月1日に4頭が名古屋港に着き、そこでさらに約1カ月の検疫を済ませて2頭は名古屋東山動植物園へ送られ、そしてもう一方の2頭が京都へやってきたのです。有竹鳥獣店より2頭230万円で購入。

動物園としては今回、大型草食獣の導入にあたっては、当初、人気のあるサイを望んでいましたが、敷地が足りずどうしても無理なところから、日本ではもちろん繁殖例のないヨーロッパバイソンに決まったのでした。

その本番担当に、若輩の僕が選ばれました。正直僕は、牛、しかもバイソンなんて大の苦手。小学生のころに、あばれ牛におもいっきり追っかけられ、必死に逃げた怖い記憶があり、ウシがトラウマになっているのです。

そこで、担当するにあたり僕は前もって、バイソンとはどういう動物か、性質などを知りたくて上野動物園のアメリカバイソンの担当者に電話で教えてもらいました。すると「バイソンはきついよー。メスだって死ぬまでむかって（攻撃）くるよー」とのことでした。僕はますます気が重くなってしまったのです。

極東貿易の三木四行さんからは「餌はペレットをミルク缶に山盛り一杯。乾草は食べるだけ与えるように」と指示されました。

さて、その怖いバイソンですが、僕としてもその雄姿を実際早く見たかったのと、約2カ月間もの長くて狭い輸送箱生活から一刻も早く解放してやりたかったのです。

ところが、そんな皆の期待も、渡辺敏雄課長の一言でフッ飛んだのです。

「明日は消防の出初式。動物園の上をヘリコプターが飛ぶ。バイソンにもしものことがあってはいかん。今日は出さんとく」。

この中止に対して、皆の中には「なんや、せっかく休みに出て来たのにバイソン（倍損）や～」とボヤく職員もいました。

輸送箱の隙間からは、黒い顔にギョロッと光る目がわずかに見えていました。前後の扉は、落しぶたになっていておのおの下部が開くようになっていました。前は餌や水を、後方は糞をかき出せるようになっています。糞をかき出すたびに、バイソンは扉がこわれないかと思うほど、力強く蹴っ飛ばしてきました。

翌1月11日、出初式も終わった午後1時から、いよいよ職員総出でバイソンを輸送箱から出す作業にとりかかりました。輸送箱をしっかりとロープとクイで固定させてから、ベテラン3人が扉を上げる。まず「メス・美智子」と書かれた方から、一気に扉を持ち上げました。バイソンはゆっくりそのまま後退りして出て来ました。

しかし思ったより小さいのです。それもそのはず、まだ3歳に満たない若者（人間にたとえると高校生くらい）。しかし、頭が大きく角も立派です。外へ出るやいなや力一杯前脚で地面をかき始めました。次に走りながらクルクル廻り、後脚で蹴って飛び跳ねます。その都度、泥と小石が容赦なく雨霰となって飛んできました。

身体が余程かゆいらしく、柵に肩あたりを思いっきり押し付けてはゴシゴシとやるのです。そのうち、寝転んだかと思うと仰向けになって、背中や頭部を地面に力一杯こすりつけます。糞でこってり汚れた毛にさらに泥が付いて一層たくましい迫力となります。

例によって、オスかメスかを確認するために皆の目は一斉にある部分に集中します。「オスやで」「いや玉が見えんなー」とバイソンには失礼ではあるのですが、何しろ輸送箱から外に出たことが余程嬉しかったらしくじっとしないので、なかなか雌雄の判別ができないのです。そのうち、ようやくオスであることが分かると、次は「オス・大郎太」と書かれた方を出しました。これは一見オスのように黒っぽくて一回り大きく、しかも攻撃的であったのです。しかし、ピンク色の陰部が確かに見えて、紛れもなくメスでした。ということは、輸送箱に書かれていた名前はこのバイソンとは全く関係がなく、以前に何か別の動物を運んだ際の名札がそのまま付いていたのでしょう。

後日、ポーランドから送られてきた書類で分かったのですが、正確には、オスはプルーター（1970（昭和45）年5月22日生まれ）、メスはプトラ（1970年4月28日生まれ）で、メスが1カ月早生まれであったのです。そして国際登録番号も記載されていました。

冷たい雪まじりの小雨の中に連発されるバイソンの鼻息は荒く、その都度白煙が勢いよく吹き上がるのでした。

一応、予定の作業を無事終えて、皆は一服ふかしながらしげしげと眺めていました。その中にはもしかして、「これがあの氷河期に我々の祖先が洞穴に描き残したバイソンかー。まさに生きた芸術品やなー」と感じた人がいたかも知れません。

僕は皆のようにゆっくり休んで眺める余裕など無く、作業が終わるとすぐ8ミリカメラで撮影、そして餌の準備へと取りかかりました。飲み水を汲みにボイラー室のところへ行ったその時です。

「バイソンが逃げた！」という大きな叫び声がしました。

僕はバケツを置いて急いで戻ると、脱柵したバイソンが目の前にいました。しかも、それは黒くて大きい攻撃的なメスの方だったのです。

皆は一斉にクモの子を散らしたように逃げました。僕はというと、心臓が早鐘のように鳴ってうろたえるばかり。誰かが「バリケード！バリケード！」と大声をあげるので、僕もすぐにカバ舎裏の丸太置場へ走り、急いで適当な丸太を運び出しました。

客のいる園内とバイソンとの間には、互いに見えないように薄いベニヤ板の塀があるだけ。その入口が空いた状態なので、まずそこを防ぐべくバリケードを築くことになりました。モータートラックと脚立を利用して、そこへ丸太を当てました。興奮したバイソンは、ベニヤ板のほんの隙間から時々園内をのぞきます。突き破られやしないかヒヤヒヤしましたが、それが無かったので助かりました。

天候の悪い日にもかかわらず、この時、園内には数多くのお客さんが入っていました。林田禮俶園長も自ら直ちにお客さんを出口へと誘導にあたっていました。間もなく「職員は全員バイソン舎へ集合！」のアナウンス。皆と一緒に非常用ネットも到着し、素早く塀一面に張り巡らされ、これで

脱柵したバイソン

バイソンが園内へ出ることだけはくい止められました。が、しかし問題はこの脱柵したバイソンをいかにして柵内に入れるかです。

ネズミの相談のように、どうやってネコの首に鈴をつけるか。獣医の安井圀彦さんは麻酔銃を取りに獣医室へ。そんな中、ボイラーマンの上田誠さんが「柵を切ってそこからバイソンを入れたらどうでっしゃろ」と言いました。その提案はすぐに実行されました。バイソンの隙を狙って、ノコギリを持った上田さんと飼育係長の鎌谷義治さんは身も軽く柵内に入り、一気に丸太を切り落しました。

そして、それまでバリケードの外で待機していた皆もおのおの角材や丸太を手に持ち、バイソンを柵内に追い込むために中へ入ってきました。とはいうものの、角を振りかざして威嚇してくるバイソンを前に皆はもちろん、本番担当の僕に至っては前述の通りの怖がりで脚が震えたままどうしても前に進めません。

そこで我先に出たのが鎌谷さんでした。さすがと思いました。とにかく飼育の第一人者でゾウを何頭も長く担当し、経験、技術共に誰もが一目おく凄い存在の大先輩なのです。

鎌谷さんは丸太を斜め横に持って挑発せずにバイソンを上手に柵内へ追い込みまし

た。僕たちも恐る恐る鎌谷さんの後方から一応加勢はしたつもりです。

こうしてバイソンは計画通り、しかも予想以上に早く入れることができました。

しかし、再び飛び出すおそれがあるため、さらに休む間もなく、切り落した箇所の修復と柵をもう一段高くする作業に取りかかりました。

幸い丸太棒（足場用丸太）とそれを結ぶ番線は、新築中のバイソン舎の工事現場にわんさとありました。しかも有り難いことにその建築業者の方たちも一緒に手伝ってくれたのでした。この緊急事態に事務所の人や門の人たちまでも丸太運びを行い、反対側の北の柵の所へ立って脱柵防止の防波堤

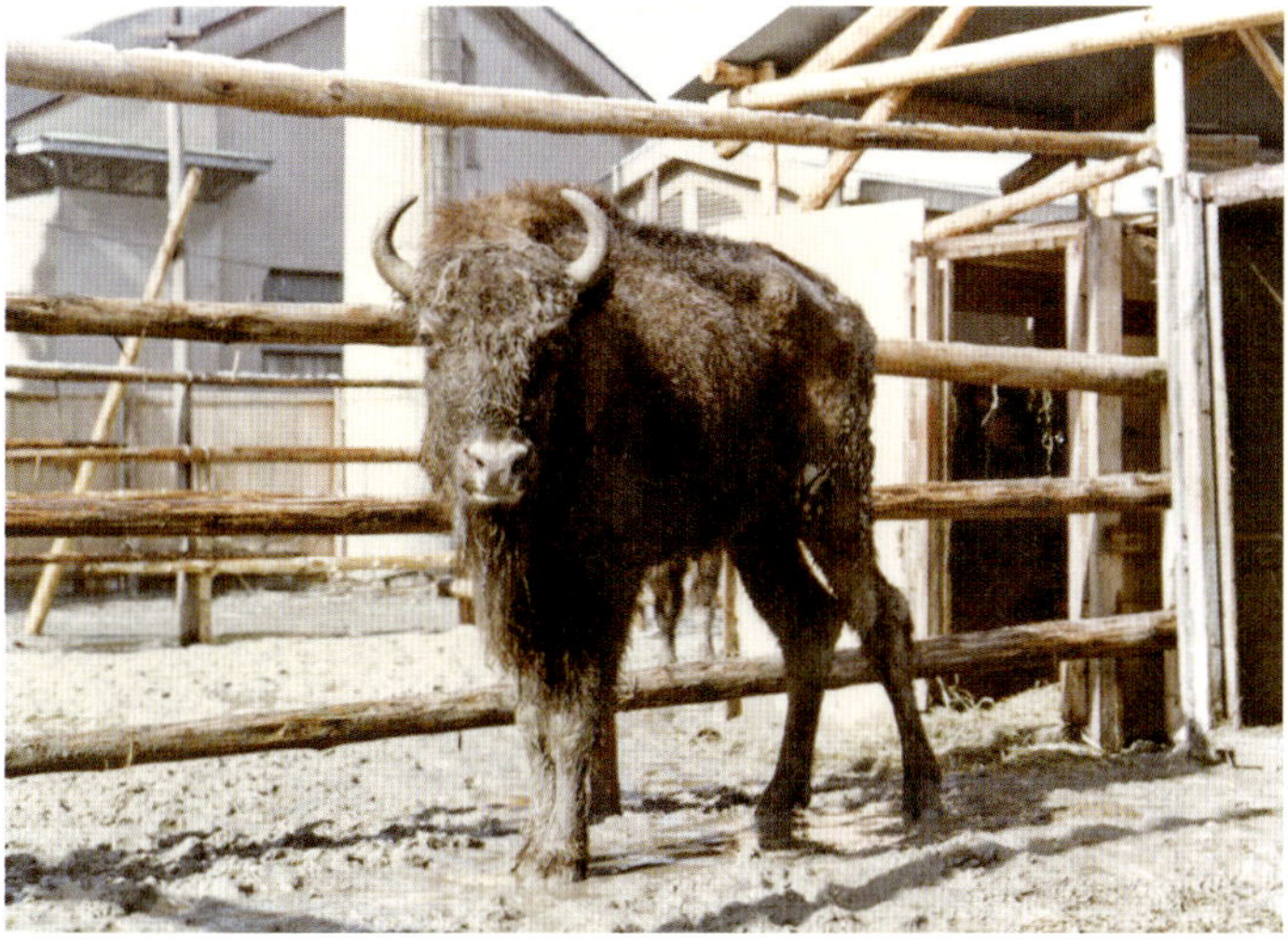

脱柵したバイソン。その後柵を高くした。

の役目にあたってくれたのです。

ところが、南側の作業が終わろうとした時、再びバイソンが飛び出したのです。今度は北側の柵から。防波堤になっていたはずの事務員の人たちは、おおわらわになるも必死にバイソンと入れ替って逆に柵内へ逃げ込んだのです。

「グルグルグル……」と不気味な声を出して興奮したバイソンは走りながら北から今度は僕たちのいる南側へ廻ってきました。皆は我先に柵内へ避難。柵の下からもぐりこんだ者、野球選手顔負けのフォームでスライディングした者、柵を乗り越えようとして足をすべらせおもいっきり股間を打った者……。さまざまでしたが、一応全員無事柵内に避難できました。

ところがなぜか1人だけ運悪く象舎の方へ逃げた人がいたのです。松尾幸三副園長です。柵内へ逃げる間がなくて、仕方なく象舎の裏にある奥詰所へ逃げ込もうと思ったのでしょう。バイソンは柵内へ避難した僕たちをあきらめ、今度は扉を必死に開けようとしている副園長に角先を向け突進し始めたのです。それに気付いた副園長はあわてました。扉は押せど引っ張れど一向に開きません。それもそのはず、宿直が廃止になってから、もうその扉は内側からクギ付けされていたのでした。その事を就任間もない副園長は知らなかったのです。

バイソンの鼻息が副園長の首筋に届きそうなところまで迫っていました。

この時、浅黒い副園長の顔は既に血の気が引いて蒼白になっていました。猛然と角で一撃され後方に放り投げられる─誰もがそう思った瞬間、なんとバイソンはクルリと踵《きびす》を返し、その場から離れこちらへと走ってきたのでした。助かった！と思ったのは誰より当の本人だったと思います。

ホッとする間もなく、再び先ほどと同じ方法でバイソンを再び柵内へ追い込み、今度は絶対に飛び出せない高さに1段も2段も高く丸太を付け足しました。

5時30分、作業は終わりました。

雨まじりの雪が降り止まぬ中、全身冷たくボタボタになったまま、皆はその場を引き上げました。バイソンが飛び出たところの柵の高さを計ってみたところ、1メートル23センチでした。

十分な情報がなかったのでしょうか、動物園の技術係の人たちもヨーロッパバイソンもアメリカバイソンと同じだろう、この柵の高さで大丈夫だと甘くみたのが、そもそもの誤りだったのです。実際見ると確かにヨーロッパバイソンの方がスマートで、後脚も長く下半身が発達していて、岩のようなアメリカバイソンより跳躍力が勝っているというのが感じ取れました。

今回の脱柵の件に林田園長は余程懲りたのでしょう。新バイソン舎の柵の高さは、当初170センチだったのが、さらに50センチもかさ上げされ2メートル20センチに変更されました。

(三)

その後3月、バイソンは新しくでき上ったバイソン舎に無事移動。収容舎にも馴れ、出入室の馴致《じゅんち》も順調で、さらに体も大きくなってバイソンらしい風格もでてきました。やがて二頭の間で交尾行動が見られるようになり、出産を大変楽しみにしていた矢先、僕は次に新しく完成した爬虫類館の担当を命ぜられ、後ろ髪を引かれる思いで、バイソンたちとは離れることになりました。

それから2年後の1976(昭和51)年7月14日にメスの赤ちゃんが産まれました。これが日本初ということで、繁殖賞を受賞しました。ちなみに、翌年も全く同じ7月14日メスの赤ちゃんが産まれるという面白い偶然が重なりました。

以後、毎年のように繁殖が続き、動物園としては寝室の増築や他園への搬出の問題など、それはそれでまた大変な課題でもありました。

その後初代のバイソンが亡くなり、やがて息子の「京三」の代となりました。

その1トンを越える堂々たる京三が脱柵したのです。

その日、バイソン代番担当者である濱崎勤君がいつもより仕事が遅れ、バイソン舎に戻るころには既に閉園を告げる音楽が鳴っていたそうです。

バイソン舎へさしかかった時、まだ奥から乳母車を押して帰ろうとする若い親子が見えました。しかし、そのすぐ横にあのど

ヨーロッパバイソン家族（1979（昭和54）年には3世も産まれる）

でかい京三がいるではありませんか。

京三は植込みのウバメガシをバリバリ食べています。すぐ横を何くわぬ顔ですり抜けて若い母親がやってきています。

濱崎君はまるで夢かと思いました。現実を知ると彼は真っ青になったのです。

京三が外に！あり得ないことだ！我に返って、その重大さを知った彼は、クマ舎の仕事を終えて奥からモータートラックに乗ってガタガタ音を立てこちらに向ってくる長尾充徳君に「長尾！戻れ！クマ舎に入れ！」と怒鳴り、京三を刺激しないようにしました。園の中央にでも走り出たらそれこそ大変なことになるからです。

次に濱崎君は遠巻きに疏水べりの柵からバイソン舎へたどり着き、そこから事務所へ電話で知らせました。皆はすぐに非常用ネットを尾崎食堂前の糸桜橋から疏水側の柵へ張って、とりあえず京三の移動をくい止めました。

濱崎君はバイソン舎の運動場の扉を開け、中から、ミルク缶にペレットを入れて「ガラガラ」と音を立て、いつもの入室時に行う方法で京三を誘ったのです。京三はそれにつられて入口からゆっくりと入り、さらに室内へと収容することができました。

なお、運動場に入れるにあたって、扉をあらかじめロープでつないでおき、入ると同時に中から引っ張って閉めたので、危険を伴うことはありませんでした。濱崎君が冷静に行動できたのは、象を担当した経験が大きいかと思います。それと、京三がどっしりと落ち着いた性格のオスであったのも幸いしました。しかし、「何で代番のわしの日にバイソンが出るんやー」と怒っていたそうです。

僕もこの日は休みで現状を知らなかったのですが、今回もお客さん、職員、そしてバイソンにもケガ一つ無かったことはなによりのことでした。

あ、そうそう。今回なぜバイソンが脱柵したかというと、2メートル20センチの柵を飛び越えたのではなく、横の柵と柵の間から身体を横にして出たのです。

柵幅は45センチで、本来なら絶対出られないのですが、何箇所かの部分ではそれが幾分巾が広くなっていたのです。

園では、バイソンを落ち着かせるために、運動場の柵の外半分以上にウバメガシを植えて外部を見えなくしています。

バイソンたちは日頃からそのウバメガシが好きで柵の間に頭を入れ、中から首を一杯伸ばして食べていたのです。元々ヨーロッパバイソンは森林に生息していて、木の葉や樹皮を食べるのです。植込みも一部は食べ尽くされて穴が開いた状態になっていました。そして柵は毎日少しずつ曲がって幅が広くなっていたのです。担当者もまさか巨大な京三がそこから出るとは考えられなかったのでしょう。

すぐに鉄工職員によって鉄棒が溶接され、再び脱柵が起らないよう、念入りな修理が行われました。

動物の能力は実に計り知れず、そこが魅力でもあるのですが、それがまた怖さでもあるのです。

ライオン

——小桜号脱出に思う

僕がライオンの担当になった時、故郷の父は大変心配して「何しろ相手は猛獣やから、錠だけは絶対忘れんように！」と事あるたびに何度も何度も念を押されました。

僕としては、猛獣の担当になったということは、それだけ上司に仕事における責任と信頼を認められた証と受け止め、喜んで報告したつもりが逆に親を心配させたのです。

実際に、かつて京都市民を震撼させるライオン小桜号脱出事件があったのです。

それは１９３２（昭和７）年6月1日、午前8時過ぎのことです。ライオン担当の尾崎氏が屋外の檻の扉を閉め忘れ、開いた状態になっているのを確認しないまま、小桜を寝室から屋外の部屋に出してしまったのです。

屋外の部屋に出た小桜は、いつもは閉まっているはずの扉が開いているのに気付きます。その開いている飼育員用出入り口扉からそのまま園内へ出たのです。

一方、担当者の尾崎氏は寝室の掃除を終えてライオン舎の外へ出ました。そこで尾崎氏の目に飛び込んできたのは、紛れもなく檻から出ている小桜の姿です。あり得ないその光景に尾崎氏は一瞬、目を疑いますが、それも束の間、すぐに事の重大さと恐怖心に襲われ動くこともできずその場にうずくまってしまいました。

なにぶん相手はライオンだけに、尾崎氏としてはとにかく何とか、小桜が自ら元の檻の中へ戻ってくれることを祈るほかになす術もありません。小桜も檻の外へ出たものの初めての園内に戸惑い、不安とみえて、ライオン舎の周りだけをうろうろしています。その様子を壁にへばりついて見ていた尾崎氏はそこで小桜に見つかってしまいます。小桜の方も一瞬驚いて威嚇声を発すると同時に尾崎氏の右腕を一咬みして、疏水端の鉄柵の方へ走って逃げました。

動物園はまだ開園前で園内に誰1人、入園客が居なかったのが幸いしました。

急を聞きつけ、元、小桜を幼いころに担当したベテランの林氏が駆けつけて来ました。そして直ぐにウサギを見せて、小桜をライオン舎へ誘導するという作戦に出たのです。かつて小桜を担当したとはいえ今や11歳半の成獣のオス、向かって来ないという保証は全くありません。命がけです。しかし先輩として、ここは一つ自分しかできないと責任を強く感じたのでしょう。

生きたウサギを小桜の方に差し出すようにして、かつて呼んでいた優しい口調で必死に声を掛け続けます。

すると小桜は林氏の声に反応し、誘いに従って林氏に近づきます。林氏は少しずつ後退りしながらライオン舎の中へ入ると小桜も、のこのことついてきます。林氏はそのまま檻の中へ入ると小桜も入りました。そのタイミングをみてウサギを檻の奥へ投げ込みました。小桜はウサギに狙いをつけて一気に奥へ。

そこまでは100点満点の成功を収めたのです。そして小桜がウサギに気を取られている隙に素早く外に出て扉を閉めようと出口へ向ったその時、なんということか滑ってころんでしまったのです。不運にも掃除したての床面がまだ十分に乾いておらず滑りやすくなっていたのと、林氏自身の精神状態も緊張の極限に達していたのです。

林氏の滑ったその音に驚いた小桜は、林氏の尻のあたりを一咬みしたかと思うと林氏を飛び越えて、一気に扉から出て再び園内へ出てしまいました。そうなると、賢い猛獣類は二度と同じ手には乗りません。そのうえ、次第に園内にも馴染み、水牛などあちこちの動物に柵越しにちょっかいを始めました。もし園外へ出たら大変な事態になります。

当時の動物園には、まだ猛獣脱出時の非常用網も麻酔銃もありませんでした。

止むを得ず鈴鹿園長は、所轄の川端署に応援を求めます。川端署から署長をはじめ非番の署員も含めて70名が駆けつけたものの、武器を持たない警察隊では手がつけられず、さらに鴨東猟友会に応援を求め、それに堀川猟友会からも会員が加わり総勢7名の狙撃班が配置につきました。

その場所は、大正天皇お手植え松の根元です。２列に並ぶ狙撃班は噴水池の北側およそ30メートル先に座っている小桜に向けて一斉に火蓋を切ります。しかし彼らはライオンを撃つのは初めてのことで、射撃に自信のある人たちにしても心に動揺があったに違いありません。１回目は全て急所を外しました。これに対して小桜は怒り声を上げて狙撃隊に向って突進します。

間髪を入れず第2回目の火蓋が切られました。しかし、これも急所を外しました。満身創痍の小桜は、よろめきながらも法勝寺八角塔跡の丘に向って歩を進めます。これを追う猟友会員。追い打ちをかけ第３回目に発射された銃弾の中の１弾が、右目下から脳を貫通し、ついに小桜はここで絶命したのです。

全身に30発もの銃弾を受けた小桜の周り一帯は血の海と化しました。

銃声が響くものものしい動物園のその光景を見ようと、疏水をはさんで南側の岸辺はヤジ馬たちで黒山の人だかりだったといいます。

小桜は我が国で初めて人工哺育に成功したライオンの孫にあたり、金剛号を父とし、松風号との間に１９２０（大正９）年10月23日に生まれた兄妹の中の１頭で、時代祭が行なわれた晩に生まれたところから、それを記念してオス・白菊号、メス・花橘号と共に命名されました。

小桜は射殺された当時、既にオス2頭、メス5頭の父親でもありました。京都生まれの京都育ちで、檻外の世界を知らず、飼育係との関係も良かったのでしょう。担当者の受けた咬み傷も大事に至らず、京大病院での治療により全治10日間の怪我で済んだのは不幸中の幸いでした。

また、園内において落着したとはいえ、もし小桜が園外へ脱走した時の事態を考慮して、京都憲兵分隊からも分隊長以下9名の兵士が出動する一幕もあり、この1件は「京都日出新聞」の6月2日号の2面をほ

脱出した小桜は射殺された

とんど満たす記事として取り上げられました。

人的物的被害がなかった結果でしょうか。鈴鹿園長と担当者も共々責任を問われませんでしたが、当の小桜こそ射殺という悲しい結末で最大の被害者だったのです。

全身傷だらけということもありますが、小桜は剥製にされず園内に丁重に埋葬されました。そして、気の毒に思った市民の声で建立されたのが万霊塔です。

今も毎年9月に動物慰霊祭がとり行われていますが、平成16年5月のある日、僕がまだ在職中に「小桜の墓はどこでしょうか？」と鈴鹿園長の孫にあたる鈴鹿泰弘さんが横浜から訪ねて来られ、僕が対応したのですが、その時に小桜のことや万霊塔の歴史を聞くことができたのです。

僕が動物園に入ったころは、かつての小桜号脱出の教訓が生かされていたようで、猛獣の錠の確認はとても厳しく、先輩たちの間には
「動物を殺しても逃がすな！」

「朝、出勤前は嫁さんと喧嘩するな！」

「仕事中は家から電話がかかっても取り次がないように！」

など、いわれていた時代で、それだけ飼育係にとっては、動物を逃がすということは最

も恥ずべきこととして、施錠にあたっての集中の大切さと、心構えが深く浸透していました。

したがって当然のことですが、よく錠をかけ忘れたり、よく動物を逃がす飼育係は何年経っても猛獣の担当にはなれないのです。

毎日朝夕2回、必ず園長以下全ての上司、それから獣医まで特に猛獣舎の施錠については重点的に見てまわります。それでも実際、錠をかけ忘れたために担当を即、変えられた大先輩もいました。

またある先輩は、一度帰宅はしたものの施錠に不安があったのでしょう。僕が宿直の晩に動物園に戻って来て門の扉を乗り越え、こっそり入って来たのに出会ったことがあります。

習慣的に体がマニュアル通りに動き、施錠をしているので、案外、閉め忘れはしないものです。

しかし、人間がやる以上、完璧とは言い切れません。

僕は猛獣（ライオン・トラ・クマ）の本番を二度も担当しましたが、幸い錠の掛け忘れは一度もありませんでしたし、帰宅してからも不安で悩んだことはありません。

それはほかの飼育係の施錠の仕方と少し異なるからでしょう。

大抵の人は錠を開けると、その錠をカンヌキに近い金網にちょっと引っ掛けておくのです。それでは作業が終わりカンヌキを閉めても、つい錠も掛けたと錯覚してしまいます。

僕は、開けた錠は地面かあるいは少し離れた窓のところへ置くので、勘違いすることはありませんでした。

それと指差喚呼で「カンヌキよーし！」「施錠よーし！」の確認をおのおの3回ずつ行ないます。少し時間がかかりますが、無事故にこしたことはありません。

それと一番大事なことは、全て確認をす

施錠よーし！　カンヌキよーし！

ることです。屋外の部屋に出す時は、まず屋外の檻の扉が確実に閉まっていて施錠がきっちりしているかを確認する。そのうえで初めて動物を出す。

出したら全ての動物が完全に出ているかどうかをもう一度確認する。寝室内へ掃除や給餌に入る時も、まず動物が全て屋外に出ていて、寝室内には確実に動物がいないことを確認した上で入室するのです。

この確認さえきちんとしていたら、小桜の脱出は無く、射殺という悲惨な結末も無かったのです。

その後も事故は起きていません。当然、命にかかわる猛獣だけに大きく報道され

ライオン（オス）

ます。他園の例も含めて事故が起こるたびに、安全面での不備が指摘されます。その都度対策として、セカンドキャッチシステム（二重扉）など檻の改造や、非常ベル、監視カメラの設置、トランシーバーの携帯、さらに動物の移動と施錠確認は2人によるダブルチェックで行なうなど、万全を期していますが、逆に現場担当者としては、作業が複雑になって仕事量が増えていることも事実です。

京都市動物園は、昭和44年に猛獣脱出時の非常用網を購入し、以来、非常時に備えてのネット張りと、麻酔銃による捕獲訓練が毎年行なわれ、職員総出の取組みを行なっています。これも欠かすことができません。

小桜号のような脱出事故が二度と起きないことを、ライオン担当の経験者として強く願うばかりです。

担当を離れても、しばらくはライオンの夢を見ます。それも全て今にも脱出しそうなものばかりで、いい夢は一つもありません。

小桜号脱出部分は主に京都岡崎動物園の記録（滝澤晃夫 著）より抜粋

ライオンの赤ちゃん

キリン

——立てなかった赤ちゃん善峰など

1984（昭和59）年、この年は技術係の大幅な人事異動や飼育係の動物担当替えが行われました。

僕は類人猿舎とキツネザル舎から、キリン舎とアシカ舎の担当に変わりました。キリンはもちろん初めてです。それまで馴れ親しんだゴリラやオランウータン、そしてチンパンジーたちと別れる時は本当に辛かったです。

知能の高い類人猿に比べて、キリンになると格段落ちる感じがして、キリンには悪いのですが当初しばらくの間、僕は張り合いのない日々を送っていました。

ところが次第にいろんなことに遭遇し、キリンはキリンでこれまた大変であることが分かったのです。

僕が担当した時、キリンは3頭いました。

オス・東山（7歳10カ月）。体高（頭頂）約5・1メートル。体重約1トン近くの立派な体格で今まで飼育された当園のオスの中では一番の大きさ。

メス・衣笠（9歳1カ月）とその娘・貴船（3歳7カ月）は共に体高は約3・8メートル。体重は500キログラムに満たない位の小柄。

掃除が大変

まずキリンは掃除に時間がかかります。動物舎の中では一番大変だと思います。

キリンを運動場へ出した後、寝室の汚れワラをフォークで分別し、コンクリート床面に踏み固まったバラバラの糞をスコップでそぎ取り、次に水洗い。ワイパーで水を切って床面が乾く間に奥の象舎横、堆肥置場へ糞ワラを捨てに行く。大型リヤカーに山盛りです。キリン舎へ戻って新しくワラを敷く。

雨や雪でキリンを運動場へ出せない日が続くと、特にオスの寝室は汚れに汚れ最悪となります。

キリン舎寝室を掃除する

僕はちょうどこのころから腰痛がひどくなって、時折電気が走る激痛に悩まされていました。病院でみてもらったところ、農家の人によく見られる〝角《ツノ》〟といって、骨に骨が出て、それが神経を圧迫するのだそうです。それでお医者さんに「手術をするか、今の仕事を変わるか」と言われたのですが、どちらも困るので結局痛さをこらえて仕事を続けたのです。

一作業を終えて痛む腰を下ろし、少しの間じっと休んでいると5〜6羽のスズメたちが室内にやってきます。扉の下のほんの隙間から入ってきて、寝室に敷いたワラの中からせっせと残り稲穂を捜してはついばみ始めるのです。次にドブネズミたちが溝の排水口と倉庫のワラの間から顔を出し、僕に気付かずにすぐ横を通って階段を登ります。キリンの餌箱から人参や青草をちゃっかりくわえてはおのおのの巣へ運んで行くのです。やがておとぎの国（子ども動物園）から1羽のメスのニワトリが塀を伝ってやってきます。そしておもむろにキリンのリヤカーの中へ入り、ワラの中へ卵を産んで、また、おとぎの国へ帰って行くのです。これら一連の光景が毎日決まって見ることができ、そのひとときだけが、腰の痛みを忘れさせてくれたのでした。

「東山」の木かじり

次に大変だったのは大工仕事でした。木という木をとにかくキリンが下にある門歯で「ガリッ、ガリッ、ベリー」とかじり壊していくのです。特に「東山」が来てからひどくなったそうです。

キリン舎は1953（昭和28）年に建てられたもので、外部はモルタル造りですが、室内は木造です。その扉や壁、柱がかじられすり減っていて、所々にブリキが当てられています。窓ガラスもよく割られたのか、プラスチックや鉄板がはめられていて、あちこちに歴代の担当者による修理の苦労の跡が刻まれていました。

メスの方は舐めることはあってもかじることはしませんでしたが、さっそく僕も窓枠を壊され、ガラスも割られました。修理してもまた、翌日には壊される。掃除だけ

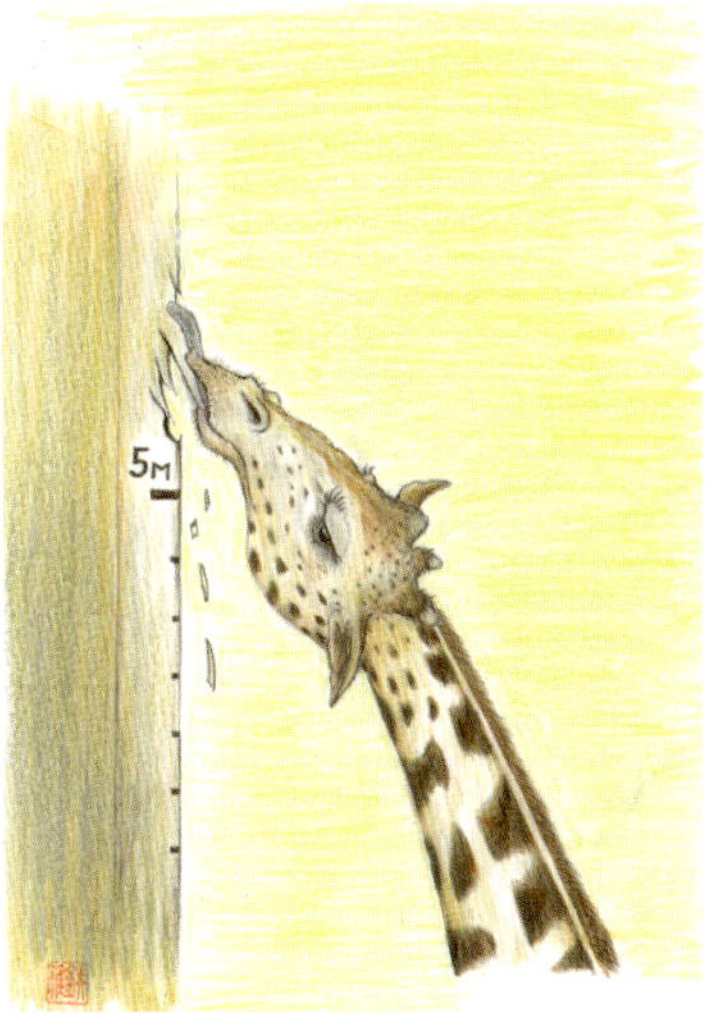

扉をかじる「東山」

でも時間がかかるのに、こんなことで毎日手間がかかってはたまらないので、東山の口が窓枠に入らない間隔にタルキ（5センチ角材）を打ち込みました。これで窓の修理の悩みは無くなりました。そして、かじられる天井付近の壁や、蹴って破られることのある下壁は、杉板に替えてコンパネを張りました。コンパネは予想以上に強く東山も歯が立たないようでした。

また、おもしろいこともありました。トゲのあるアカシアを好物とするキリンですが、トゲはトゲでもイラムシは苦手のようで、一度さされたのか、イラムシの付いたカエデは絶対に食べませんでした。ゴキブリの入ったペレットも臭いのか、口をつけません。多摩動物公園のキリンが、ハトを捕えて食べたというので、僕は弁当のおかずのトンカツや鶏肉を与えて試したことがありましたが、食べることも舐めることもしませんでした。

ただそれが、東山のストレスにならないように、かじりの代用として、園内の樹木の剪定で切られた枝は必ず確保して、それらを与えました。ところが、葉を食べ皮をかじり終わると、もうその枝は用無しとなり興味を示さないのです。

草食動物であるキリンの胃は特別大きく腸も長い。低カロリーの枝葉でそれを満たすには、絶えず食べ続けるという習性があるのでしょう。

夏になると園路にあるアオギリやニセアカシアの葉が茂ります。長身の東山は柵から首を出すとそれらは何とか届く位置にあります。45センチもある長い舌を出して東山は喜んでそれらを食べるのです。

キリンは草食動物ですが、草よりも体型に適した方の食べやすい高所の木の葉を好むのです。東山のいた広島安佐動物公園では木の葉を業者から購入して年中与えていたそうです。

京都も予算化して、樫、椎、ネズミモチなどの木の葉を入荷できれば、冬でもおそらく東山のかじり癖は無くなるのではないかと思います。

入室をゴテる「貴船」

次に困ったのは若い貴船です。

夕方、一旦入室はするものの、一口餌をほおばっては再び運動場へ出るという癖。オスの寝室の方は、入室すれば、キリン舎の中へ入らなくても、外（キーパー通路）から開閉ができるように、扉に長い柄が付いていています。

ところがメス室の方は餌をセットした後、５メートルもある吊扉を室内側から手で開けてキリンを入れ、入室後その扉を閉めるには一旦キーパー通路から外へ出て、ぐるーと回って運動場の中へ入って閉めなければなりません。そのタイミングが難しいのです。

入る寸前に早く近づくと後脚での回し蹴りがくるのです。これは前任者の田中雅己君から聞いていました。入るまで運動場の中に入って待っていると、今度は走って僕たちに向ってくるのです。まさにジャジャ馬キリンです。若いので遊びだと思うのですが、前脚でたたかれればニホンジカにたたかれるのとは訳が違います。また、ダチョウならば長い柄の熊手を首に当てれば攻撃を防げるのですが、キリンには全く通じないのです。何度か熊手とチリ取りを放り投げ、ほうほうの体で逃げたことがありましたが、特に代番の若い松岡賢司君はひどかったようです。そこで僕は安全を考えて、鉄工担当者にお願いし、オス室と全く同じように、外から扉の開閉ができるよう扉に長い柄を付けてもらいました。それ以来安心して開閉ができ、やっとこの件は解決しました。

ところが、母親衣笠の死亡以後、貴船は大変神経質になり、再び入室をゴテて僕たちを困らせるようになったのです。例えば、近くの道路工事の音、疏水の浚渫《しゅんせつ》、アシカ池の水替え、おとぎの国のテント張り、はたまた飼育係員が5、6人固まって歩いただけでも、オドオドソワソワしてもう入りません。僕が休みの日、相棒の松岡君からは夜の7時、9時に入ったという報告もありました。

キリンの神経質な話は昔からよく耳にします。餌箱の位置を変えただけでも、気にして1カ月も入室しなかったり、胃潰瘍が原因で死亡することも多いそうです。

衣笠も子どものころ、両親が相次いで亡くなった時はさすがに寂しがってなかなか入室しなかったそうです。それが東山の入園によってやっと落ち着き、入室がスムーズになったのです。

群れ生活をするキリンにとって単独は最大の不安。衣笠もきっと首を長くして仲間が来るのを待っていたに違いありません。

貴船の神経質な性格は、赤ちゃんが産まれると少し落ち着いたものの、まだ入室をゴテました。そんな時、他園の担当者に「しつけが悪いからや!」とズバッと言われたのです。いささか頭にカチンときたものの反論はできませんでした。その通り、確かに的を射た正論なのです。個体差があるにせよ、キリンでも安心させるようなことをねばり強く繰り返し行なえば、かなり懐くものだと思っています。

それで僕は若王子、善峰、船岡には赤ちゃんのころからできる限り木の葉を与えたり、さわったりして懐かせました。そのおかげか、成長して他園へ搬出する際には、幸い輸送箱への馴致もスムーズに行なえました。

「衣笠」の死

話は前後しますが、衣笠の死は突然でした。担当になってちょうど1年目の時でした。昨夕まで元気で全く異状がなかった衣笠が、今朝突然死亡しているのですから、何が何だかわかりませんでした。

優しい大きな瞳は開いてはいるものの、横たわった身体は既に冷たく動きません。口元は汚れていて吐き戻しの跡がみられました。死因は誤嚥による窒息死。さらに悲しいことに赤ちゃんを身ごもっていたのです。

僕は課長から「昨日何かあったはずや！気がつかなかったのか！」と、えらい怒られましたが、異動できたその新米課長もまた、園長に怒られたのでしょう。

大型で人気動物の死は、報道の面からも注目されるので、事があると責任も大きいのは事実なのですが……。

京都でのキリンの飼育の歴史は古く、１９４３（昭和18）年から始まっています。しかし、繁殖に初めて成功したのはかなり後の、１９６８（昭和43）年でした。その当時のオス・比叡は骨太で短足。みさき公園生まれでサー坊と呼ばれていましたが、京都へ来て比叡に改名。

メス・愛宕は動物商から購入。このペアから高雄・鞍馬・大文字・嵐山といずれもオスの赤ちゃんが産まれました。やっと5頭目にメスが産まれ、それが衣笠だったのです。衣笠は貴船だけを産んで（死産、流産はあったが）まだ10歳３カ月の若さで亡くなってしまいました。小柄で可愛くよく懐いていた衣笠。まだまだ生きていてほしかった。

衣笠の突然の死以後、僕は朝一、キリン舎をのぞくのが不安で不安でたまらないという日がしばらく続きました。

扉を開けて、まずキリンがいつものところに立っていないと「ドキッ」とし、「まさか？」と疑ってしまうのでした。

「若王子」の鼓腸《こちょう》

逆に出産日が近づくと確認に行く楽しみも格別で、毎日早く夜が明けないかと待ち遠しいものです。

キリンの出産準備は、寝室に大量のワラを敷き、フェンスの下の部分にもワラを立て掛けます。これは赤ちゃんが産まれ落ちる時の安全を考えて歴代の担当者が行ってきました。

キリンの妊娠期間は平均４５０日。出産予定日が近づくと、その日の夕方、食欲が無かったり、ソワソワする動きなどがあります。そこから出産があると判断し、担当者と獣医と上司で泊り込みの観察をするのです。

しかし、貴船は全くそのような素振りを見せないまま、１９８５（昭和60）年８月13日、オスの赤ちゃんを無事産んだのです。

妊娠期間は４４８日でした。

出産は夜半から早朝にかけて行なわれたようで、朝、見た時に既に赤ちゃんの体は乾いていて、部屋の隅にちょこんと元気に座っていました。

そして、心配したあの神経質な貴船が初産にもかかわらず母親らしくちゃんと赤ちゃんのそばに立って、しっかりと見守っていたのです。その驚くような落ち着きぶりが意外だっただけに、この時は相棒と笑って胸をなで下ろしました。

僕もまた、キリンの赤ちゃんは初めてのこと。キリンの赤ちゃんがこんなに可愛いと

産まれたばかりの赤ちゃん

は知りませんでした。

角はまだペシャンコに寝ていて、黒い長いまつ毛と大きなつぶらな瞳。静かにじっと見つめられると僕は固まってしまいました。そして筆舌に尽くしがたいオーラと気品を感じたのです。

赤ちゃんは京都の山の名に因んで若王子と命名しました。

比叡、愛宕以来、キリンにはずっと京都にある山の名がつけられています。若王子は東山三十六峰の一つです。

若王子は生後3日目から、ひしゃげた腹がようやくふっくらとなり、ぺしゃんこの主角も9日目から立ち始め、前角は14日目から目立ってきました。青草を初めて食べたのは生後6日目で、10日目には根菜類を、2カ月目にはペレットを食べるようになり反芻も見られました。もちろん、乳はまだ母親から飲んでいて、10カ月になってもまだ時々飲むことがありました。体高は産まれた時、160センチ位の小柄でありましたが、1歳のころには2・9メートルと大きく成長しました。キリンのオスの子は1カ月に約8センチの割合で成長します。2歳では産まれた時の約2倍の高さになります。

若王子が1歳6カ月のころでした。その日（2月15日）の朝、既に鼓腸になっていたのです。

鼓腸とは反芻類、ことに牛などの第1胃で食物発酵のために、突然多量のガスを発生する病気で、そのガスによって腹部がパンパンに膨れるのです。その苦しみは大変なようで、倒れたまま全く動けません。ラクダやラマがそうなったこともありますが、その時は太い注射針を直接胃腸に刺してガス抜きをして助けたことがあります。

若王子は腹がパンパン、目はとろん。四肢を踏ん張って何とか立っている状態。すぐに秋久獣医を呼びました。排便のきばりもしていたので、秋久君は肛門に手を突っ込んで便を出しました。草食獣は大体便秘にはならないとのことですが、聴診器で診てもらうと、腸の動きはあるが胃のあたりの動きが悪いという。どうも鼓腸のようです。

何とか口からガスが出ないかと、若王子をとりあえず後方から押して歩かそうとしましたが、硬直したまま全く動かず。

そこで僕は東山に押してもらおうと考えました。東山は若王子を赤ちゃんのころからまるで恋仇のように追い払うのです。

東山を入室させると、予想通りでした。デカイ身体で押されると若王子は否応なしに歩かざるを得ません。

しばらくするとガスが抜け始めたのか、若王子の歩行も早くなったのです。やがて呼吸と同時に腹の伸縮が分かるようになりました。助かった！もう大丈夫。そして午後には運動場を走り、反芻も確認できたのでした。

なぜ鼓腸になったのか原因はわかりませんが、相棒の話では昨日は雨で室内に入れたままだったそうです。その時、出産間近の母親が食欲が無くほとんど残した分も若王子が食べたとのこと。一気に濃厚飼料（根菜類・ペレット）を食べ過ぎたというのが要因の一つかも知れません。

産まれた赤ちゃん「善峰」立てず

若王子の鼓腸から17日後の３月３日。貴船は２産目の赤ちゃんを産みました。妊娠期間４５０日。予備室が無いため、若王子を同居させたままでの出産でしたが、幸いトラブルもなかったようで、３頭は実に落ち着いていました。

今回も出産は夜半から早朝。朝、７時30分に確認した時にはすっかり体は乾いていました。

「色の淡い赤ちゃんやなあ」と思った瞬間、僕は座っている赤ちゃんの異変に気がつきました。腹這い状態で前肢がなんと、横に大きく開いているのです。母親が近づくとすぐに立ち上がろうとするのですが、前肢の手関節の部分が「く」の字にならず、逆に曲がって踏ん張れないのです。母親が舐めるたびに赤ちゃんは必死に立とうとするのですが立てません。

草食獣の場合、立てない赤ちゃんは乳が飲めないので死につながります。野生ならば即、猛獣の餌食になります。

僕は一瞬、嫌な予感がしました。というのは、このところ、ライオン、アシカ、カンガルー、オオカミ、北極グマ（赤ちゃん）と立て続けに死亡しているからです。

やがて獣医と係長も来てくれました。僕はほかの仕事もあるので、午前中の観察は交替で行なうことにしました。赤ちゃんは12時51分までの間に、20回も立とうと試みましたが、立ち上がることができませんでした。

今回のような異常肢形の例がないか、技術係で調べてもらったところ、アメリカのシアトル動物園での事例が見つかりました。そこでは人間の手で立たせた記録があり、さらに24時間以内に哺乳させる必要性も記されていました。

午後1時から中に入り、獣医、技術係長、相棒たちの5人で赤ちゃんを立たせて支え、主に手関節の部分のマッサージを行ないました。
4、5分のマッサージをして、3分間赤ちゃんを座らせて休ませ、再び立たせてマッサージ。これを3回繰返し行なったところ、見違えるほど踏ん張る力が強くなったのです。
何とか立つことができたので、哺乳をさせようと母親を戻しました。ところが、母親の体が触れたとたん、赤ちゃんは転倒。再び母親を分けて、同じ方法でマッサージを続けました。

すると今度は、自ら2、3歩歩いたのです。今度こそはと母親を戻す。すると赤ちゃんは乳を求めて歩いたものの、床面がすべりました

自ら起立できるまでマッサージをした

また転倒。立とうとしますが、ワラがすべって踏ん張れません。

そこで床面がすべらないように、広い範囲（6メートル四方）に湿らせたむしろと人工芝を敷き、その上に糞尿で湿ったワラを載せました。そこに赤ちゃんを立たせて再び母親を戻しました。母親は、類人猿などの親子の分離と違って、何度でも移動ができました。出産後は特に食欲旺盛になるので、餌を見せて呼べば素直に応じてくれるのです。母親の貴船は赤ちゃんの部屋へ戻ると、その都度すぐに心配して赤ちゃんを舐めます。

するると、赤ちゃんは乳を求めて何とか1歩、2歩と歩いたのです。今度はすべりません。ついに5時1分、乳が飲めました！途中

立つことができて助かった善峰

一度休みましたが、2分間ジュウジュウ音を立てて力強く飲みました。もう大丈夫！

その後、歩行・起立・哺乳に見通しが立ったので、それまで運動場に出しっ放しにしていた東山はオス室に、若王子は親子の室へおのおの入室させました。

外は既に真っ暗。8時5分でした。

手伝ってくれた代代番の細野弘次君もホッコリした顔で引き上げ、僕と秋久獣医はそのまま動物園に泊まって朝まで観察を続けたのです。赤ちゃんと若王子は座って眠りましたが、母親は全くといっていいほど眠りません。一説によると、キリンの睡眠時間は1日20分ほどで、草食獣の中では一番短いそうです。

赤ちゃんはなぜ出生直後に関節発育不全となったのか、

・妊娠後期が冬季であったため、室内収容が多く運動不足が原因か

・やはり淡い体色をした個体は虚弱が多いのか

・親子関係で産まれた近親交配の悪影響か

・青草の入荷に伴い、人参・甘藷・リンゴを不給したため、栄養バランスの不均衡か

など、いろいろ考えられますが、確かな原因は分かりません。

歩くたび、ポキッポキッと音を立て、カクンカクンぎこちなく歩いていた赤ちゃん

も、半月を過ぎたころからほぼ正常に。

今回の赤ちゃんの命名についてはかなり思案しました。というのは、京都の有名な高い山は全て先のキリンに付けられ品切れ状態になっていたのです。段々低くなってしまって、今回は京都の西山にある善峰山から、「善峰」に決まりました。

東山、貴船、若王子、善峰の四頭の飼育となり、これは当園にとって初めてのことでした。おそらくこの後、この狭いキリン舎での４頭飼育は見られないと思います。

キリンの仕事はそれなりに大変でしたが、貴重な体験ができました。

若王子は間もなく5月21日、九州別府ラクテンチへ。そして善峰もまた、翌年の１９８８（昭和63）年6月7日、親善動物として遠くメキシコ合衆国・グアダラハラ動物園へ贈られたのでした。

貴船は善峰を出産した後、予定通り19カ月後にオスの赤ちゃん船岡を出産しました。船岡もまた、中国の動物園へ旅立ったのです。

僕はその後、キリン舎を離れ、猛獣の担当に移りました。自分が担当した時に産まれた動物は、やはり気になるもの。僕は善峰については横浜港までしかついて行けなかったのですが、やはり時々思い出しては気にしていました。

そんな時、新しく入った獣医の和田晴太郎君が、新婚旅行でメキシコへ行き、グアダラハラ動物園を訪ねて来たのです。「善峰は白かったので一目で分かりましたよ」。さらに「元気にしていて既に立派な父親になっていました」と話してくれました。担当したものにとって、こんな嬉しいことはありません。

いろんなことがありましたが、今、振り返ると、キリンを担当して本当に良かったと思っています。

（左から）若王子、東山、貴船、善峰（生後55日）

キリン・サマースクール

カンムリサンジャク

——アオムシで雛育つ

「１９８９（平成元）年4月1日、京都市と姉妹都市であるメキシコ合衆国・グアダラハラ動物園より、友好親善動物として３羽のカンムリサンジャクが贈られてきました。飼育を始めた89年には繁殖が見られなかったものの、翌90年には繁殖が見られるようになりました。しかし、産卵・抱卵・孵化を繰り返しはするものの、育雛初期に死亡してしまい、成育にまでは至りませんでした。

90年の育雛失敗を参考にし、91年の繁殖期には通常の給与飼料のほかに、育雛用の飼料としてアオムシ（モンシロチョウの幼虫）を給与したところ、5月孵化分で初めて自然育雛に成功しました。同時に、衰弱のため7日齢より人工育雛した個体もコオロギ・キュウカンチョウ用ペレットなどの給与により無事成育しました。

さらに、7月孵化分についてはセミ（幼虫・成虫）やミノムシの給与により自然育雛に成功していますので、報告します……」

これは僕が日本動物園水族館協会の主催する近畿ブロックの飼育技術者講習会で研究発表したレジュメの前文です。この調子でA４版11ページにまとめましたが公式の文章は決裁が下りるまで、獣医から係長、課長、園長までの間に細かいチェックが入り、各園館ほぼ共通した報告書となって、個人的な思いや感情は全てカットされるのです。

この鳥の飼育にあたっては大変な苦労があったのですが、それなりに楽しかったので、ここではもっと詳しく書いてみたいと思います。

カンムリサンジャクという鳥は中央アメリカに広く分布しているカラスの仲間で、日本の動物園には千葉の行川アイランドで飼育されているだけの珍しい鳥でした。その名の通り、頭部には前方にカールした冠羽があり、長い尾を含むと全長50センチ位か。背は青く胸から腹部の白いサンジャクです。

英名はwhite-throated Magpie Jayとなっていて直訳すれば、のどの白いカササギカケスとなります。Jayはカケスのことで、「ジェイジェイ」というその声から名付けられました。メジャーリーグの球団でカナダ、トロント・ブルージェイズのロゴマークになっている鳥を僕はカンムリサンジャクかと思っていたのですが、よく見ると冠羽はカールしていません。ブルージェイはアオカケスのことで、北米に多く生息していてオンタリオ州の「州の鳥」となっているなどインターネットで調べてその違いが分かりました。

カンムリサンジャクが来園して1年後に僕が担当になったのですが、元来幼いころから日本産の小鳥ばかりを飼ってきたせいか、この鳥については外国産の鳥ということでそれほどの喜びはありませんでした。しかし、季節は春、3羽のうち2羽が仲良くペアとなりもう1羽を追っ払い始め、繁殖の兆候が現れたのです。そうなると僕の心は急変、一気にヤル気が湧いてきました。すぐに1羽を隣室へ分けて、仲良くなったペアだけの飼育に切り替えました。

しかし、収容舎は親善動物ということで新しく「サンジャク舎」として建てられたものの、なにぶん1室が幅170センチ、奥行き260センチ、高さ240〜270センチと狭く植栽もまだ小さいのです。そこで僕は巣を作ってやることにしました。実際の巣を見たことはありませんが、サンジャクもカケスもカラスの仲間なので多分カケスに似た巣だろうと思って小枝と木の根っ子をぎっしりと1本1本組み合わせて作ったのです。産座（卵を産むところ）の部分はシュロを敷きましたが、この部分だけは未完成にしておきました。残りは当の本人にどうしても作らせてやりたかったのです。

僕はさらに止まり木を高く付け直し、その奥の一番落ち着く場所に巣を設置しました。急いで外に出て少し離れたところからはやる気持ちを抑えてその反応を観察しました。

期待通り興味深くペアは巣に近づき、熱心に点検を始め、気に入ったのか壊すことなく間もなく巣の中へ入りました。やがて別に与えておいたシュロ束からオスは1本1本シュロをくわえて巣へ運ぶと、それを巣内のメスが受け取り産座に補充し、胸で押し当て、凹みを作ります。そのオスとメスのコンビネーションの良さが一層ペアの絆を強くしているのがうかがえました。これは期待がもてそうです。

その後オスはメスに盛んに餌をプレゼントするようになりました。その時メスはまるで雛のように甘え声を発し、翼を小刻みに動かして口を開けて受け取るのです。そしてやがて交尾が見られるようになりました。このプレゼント（求愛給餌）が大事で、普通この行動をしないオスにメスは交尾を許しません。当初オス1羽、メス2羽の割合で報告されていましたが、実は誤りで、その逆であることが一連の繁殖行動から判明しました。オスとメスは同色ですが、オスの方が少し大きいのと、よく見ると顔のあごのところの顎線がオスは白くメスは青いのです。胸の黒帯にも違いが見られ、オスは細くメスは太くなっています。頭部のチョンマゲ風の冠羽はオスは大きくメスは小さいなどほんの少しの違いが見られます。

この鳥は不思議なことにメスもさえずることが分かりました。さえずりは繁殖期に主としてオスが本来発する声ですが、メスがさえずるのは本当に珍しいことで、僕は日本の小鳥ではオオルリやサンコウチョウ、イソヒヨドリ、シジュウカラで聞いただけです。

カンムリサンジャクのさえずりはこの鳥に似合わないほどの小さな声で「チュルチュルグチュグチュ……」と複雑でほかの小鳥の物マネ風に聞こえます。

その後、間もなくしてメスが巣内でじっと座るようになりました。産卵している証拠です。確認のため、給餌後メスが巣から出た隙にあらかじめ持って入った脚立に登り素早く巣内をのぞいてみました。何と〝産座〟はまるで芸術品のように見事に丸くきっちりと美しくでき上がっていて、その素晴らしさに思わず感動しました。その中に斑点のある青灰色の卵が1個眩しく目に入ってきました。

親鳥は共に2羽で「ギャー、ギャー」鳴いて激しく頭に攻撃してきたのですぐに退散しましたが、巣内の光景に僕はしばらく興奮さめやらず。

その後卵は計5個となりました。大体カラスの仲間は5卵産卵するのが普通です。

メスが抱卵中はオスがメスに餌を運びます。そしてメスが排便などで巣から出ると、まるで阿吽《あうん》の呼吸のように、オスがメスに入れ替って巣へ入り卵を見守りました。水浴などでメスが巣に戻るのが遅いとその間オスが抱卵をします。

こうして抱卵開始20日目の朝のこと、オスが急にソワソワせわしく動き、抱卵中のメスの巣を頻繁にのぞくようになったのです。雛が孵化した証拠です。間もなくオスは餌の中で虫のミルワームだけを巣へ運ぶようになりました。確実に雛が孵化していると思うのですが、舎外からは雛の声も姿も確認できないのです。

記録写真を撮りたい、しかしもしものことがあれば取り返しがつかない。僕は大分迷いましたが、このペアーなら大丈夫だと確信して午後、思いきって巣内を見ることにしたのです。すぐに親鳥は鳴き騒ぎ攻撃をしてきました。前回産卵を確認した時以上に激しく頭に飛びかかってきました。

いい親ほどきつい。このカンムリサンジャクの両親もその典型でした。心を鬼にして巣内を見ると真っ赤な雛が1羽、それにしても小さい。柔らかい赤裸で目も開いていないし耳もまだ聞こえないようです。僕が巣へ触れたその振動で親が餌を持ってきたと思ったのでしょう、精一杯首を伸ばし、精一杯赤い口を開け、精一杯左右に振り続けるのです。巣の中の卵といい、孵化したばかりの雛といい、言葉ではいい表わせない神秘的なものを感じました。

雛1羽のほか、4卵も確認できました。その後翌朝にはさらに孵化し、5卵中4羽が無事孵化しました。

僕は毎日出勤が楽しくなって、朝一番に早足でサンジャク舎へ直行するようになりました。ところが1週間経って、雛の鳴き声が大きくなるはずが、逆に弱々しく小さくなってきたのです。不安は的中しました。翌朝、既に死んで冷たく固くなった雛が巣の下へ落ちていたのです。そして次の日の朝も、また死んだ雛が巣外へ放り出されていたのです。もうすぐ羽が出るまでに成長していましたが、身体には水気が無くカサカサで、ガリガリに痩せていました。せっかくここまで元気だったのに。今は動かなくなった雛を見つめながら僕は肩を落として獣医室へ。獣医の秋久成人さんに解剖してもらった結果、雛の胃の中には未消化のミルワームがぎっしり詰っていました。これでは助かりません。

ミルワームとは、穀物を食べる甲虫で和名はクロコメノゴミムシダマシ。その幼虫が小鳥や爬虫類の餌として必要かつ便利な餌として以前は動物園でも養殖していましたが、最近では専門業者から1週間分をまとめて購入するようになりました。栄養があり小鳥の大好物となっていますが、なにしろ表皮が固いキチン質のため、雛には消化が困難とされています。中には生きたままで雛の口へ入ると、消化管を食い破って死に至らせることもあるそうです。

カンムリサンジャクの親もそれが分かるのか、最初の2～3日は嘴でしごいて中身の柔らかいところを与えていましたが、その後は丸のままの給餌となっていました。僕はこのサイズの鳥なら消化は大丈夫だと自信を持っていただけにショックでした。そこで、ミルワームの中から脱皮直後の白い柔らかいものだけをより分けて集め、それを与えることにしましたが、これが又大変手間のかかる作業で難儀なのです。

何百、何千匹の中からより分けて探し、ピンセットで集めるのですが、その数は限られていてとても足りません。それではほかに餌として何の虫があるかというと京都の動物園ではコオロギがあります。爬虫類館で餌用に繁殖させているのです。孵化した数ミリの大きさから成虫になる段階まで揃っているので、雛の成長に応じて与えることができます。早速、僕はこのコオロギをもらって与えてみました。

ところが困ったことにこのカンムリサンジャクの親に限って不思議なことに、どうしてもコオロギを食べてくれないのです。理由は分からないのですが、「現地ではコオロギに似た毒虫があって、本能的に警戒してるんとちゃうけー」という職員もいました。実際、ハンミョウなどの虫には毒があるのですが……。

ミルワームもダメ、コオロギも食べない。といって通常の餌（ドッグフードを水でふやかしたもの・レーズン・リンゴなど）は全く運びません。虫以外はダメなようです。

次々と雛が死亡し、とうとう1羽だけになってしまいました。しかも、脱皮直後のミルワームで何とか2週間生き続けた最後の雛も、今度はアオダイショウにのまれるという悲劇に襲われたのです。僕は必ず卵や雛を狙ってアオダイショウがこのサンジャク舎に侵入すると予測していたので、あらかじめヘビ対策はとっていました。まず金網からの侵入を防ぐために地面から1メートルの高さにビニールを張りました。1メートルというのは、直径1・5センチの網の目から入れる大きさのヘビが大体長さ80センチ位で、それが垂直に立ち上がったとしても1メートルを越えては登れないと考えました。

次に扉付近にあるわずかな隙間を全てガムテープで止め、そこにヘビの嫌う防腐剤を塗りました。さらに収容舎の周囲にこれもまたヘビの嫌う煙草の吸い殻と石灰を念入りにバラ蒔きました。しかし、それでもアオダイショウは入ったのです。朝、既に雛をのんだ憎っくきアオダイショウがプールの中で頭だけを水面から出してじっとしていたのです。満腹となって熱い身体を冷やしていたのでしょう。

すぐにつまみ出してから、一体どこから侵入したのか確認すべく点検をしていると、その場所が判明しました。

地面から入れないと考えたアオダイショウは人止め柵、つまり、客と檻との間にある柵を伝って登り、そこからビニールの上の金網まで身体を伸ばして入ったのでした。人止め柵に付いた泥跡がはっきりそれを示していたのです。

ヘビの賢さと執念深さを、僕は改めて思い知らされました。そこで僕は次に考えたヘビ対策として最後の手段、皆に手伝ってもらいケージ全体を防虫網で覆うことにしました。防虫網は2ミリ幅のため、風通しが悪く、そのうえ客からは見えにくくなりますが、お客さんからクレームが来ないように説明看板を掲げて、事情を理解してもらいました。これでヘビ対策は落着しました。

雛のいなくなった巣の近くで、親鳥夫婦の「グー、グー」と鳴き合う声は、悲しみのようにも聞こえ、また、それは間もなく次の子を産み育てる誓いの声のようにも聞こえました。

一腹目の4月の繁殖は失敗に終わりましたが、やがて二腹目の繁殖が5月30日から始まったのです。今回はミルワームを一切与えずに、リンゴとドッグフード・動物用ソーセージ・卵黄をすり鉢でよく擦って、それにビタミン剤とカルシウムを添加したすり餌だけを与えました。他園ではすり餌でメジロが自然繁殖に成功した例もあるからです。

さて、カンムリサンジャクはというと、最初はほんの少しだけ運んだのですが、困ったことにその後は全く運ばず、網の外に止まるハエなどを必死で捕ろうとするのです。そこで僕はハエを養殖しようと思いつき、ミルク缶にアジや鶏頭を入れてウジを湧かせたのですが、その匂いはヘドが出るほど臭く、皆からの苦情が殺到しました。それとサナギからハエになると皆飛んで逃げてしまい失敗に終わりました。

次に今度はクモを捕ることにしました。ジョロウグモやコガネグモはこの時期まだ小さいので、公園の植込みに多いササグモに目を付けました。しかしこれは忍者のように素早くて捕獲が難しいのです。子どもたちもおもしろがって手伝ってくれましたが、とても手におえる代物ではありません。鷲掴みした手の中はクモの巣と葉っぱばかり。そのほか、地中の虫もいろいろ集めましたが、なかなか足るに及ばないのです。とうとう5羽の雛たちの栄養を満たすことができないまま、また全滅してしまいました。

7月に入ると3度目の繁殖が始まり、次々と4卵を産みました。そのうち2羽だけが孵化をしました。二度の失敗から相棒（代番者：津村義則君）と獣医さん（秋久君）とも話し合って、今度は人工育雛をしようと決めました。

可愛い雛を親鳥から取り上げる時、決めたこととはいえ、やはりやめようかとも迷いました。それほど忍び難いものがあったのです。

ダンボールにカイロを入れ、羽毛と綿花で暖かい入れ物を作り32度に保ち、雛をその中へ。雛はこちらが音を立てたり少しの振動で元気よく餌をねだってきました。

餌は動物質の多い６分餌のすり餌と小さな小さなクモとコオロギの腹部のみを与えました。元気に一気に呑み込みます。

朝７時50分から夕方８時まで、約90分間隔に１日８回与えました。

ところが１羽は２日目に元気がなくなったので、すぐに補液をしてもらい、人間の未熟児用保育器に移しました。しかし夕方、とうとう眠ったままその雛はあっけなく死んでしまったのです。

もう１羽の雛も４日目の昼に首を上げて餌

孵化したばかりの雛

をねだる力がなくなり、無理矢理さし餌とソリターの補液をしました。夜、9時下痢となりました。

相棒も獣医さんも僕に気を使って無言。ダメだとわかっていても奇跡を願って帰宅。翌8月3日、朝7時30分、奇跡は起らず雛は既に死亡していました。温度は、湿度は、餌の内容は、給餌法は何がいけなかったのか……二度も繁殖に失敗してしまった僕はその時「次こそ!」という強い気持ちを既に来年に向けていたのです。

翌年1991(平成3)年4月、今年もカンムリサンジャク夫婦に繁殖行動が始まりました。成功の確信は無いものの、昨年の失敗を踏まえ餌に問題があると考えました。親鳥は一応すり餌を運んだのだから、もう一度すり餌にかけて、すり餌だけを運ばせようと決めました。そして今回は育雛に集中させるために、舎内の掃除は一切せず、巣内も見ない、給餌時のみ入舎としました。

舎外からの観察で4月3日産卵、4月22日孵化が確認できました。オスはすり餌を運び始めました。しかし、やはりどうしても虫を運びたいようで、あちこち虫を捜し続けるのです。

1週間は無事過ぎましたが、9日目の朝でした。雛の死体を巣の下で発見。翌日もまた次の日も巣の下に死亡した雛が。いずれの雛も非常に成長の悪い状態のまま死んでいたのです。給餌量が少なく栄養が足らなかったのです。11日目（5月1日）朝、メス親が巣に戻らないことで、ついに今回も雛の全滅が判明しました。

親鳥は悲しむ間もなく本能のなすがままにオスによるメスへの求愛給餌が始まりました。

僕が次に考えたことは、アオムシ。アオムシ、これしかないと決めました。昨年一時的にではあったのですが、アオムシを与えた時、大変好んで雛に与えたのを覚えていたのです。ただ園内では手に入らないので捕りに行かねばなりません。

そこで皆からアオムシの沢山居そうな場所を聞き、5月28日、二腹目の孵化が始まったその日の午後に休みを取って同僚と二人、滋賀県の野洲にある大キャベツ畑へ。そこは確かに広大な畑ではありましたが、肝心のモンシロチョウがほんの少ししか飛んでいないのです。当然アオムシも少ないのです。どうも農薬を散布しているようです。それでも何とか44匹のアオムシを捕って帰り、さっそく与えると、親鳥は喜んですぐに運びました。

翌日からとうとう僕のアオムシ捕りが始まりました。場所は農薬のない家庭菜園をくまなく捜し、仕事が終わってから帰宅の途中、休日はもちろん、朝から夕方まで一日中アオムシ捕りをしました。特に桂川東側の河川敷、五条から八条あたりで作っている畑がアオムシのメッカで、モンシロチョウが乱舞し、ボロボロになったキャベツばかり。まさにアオムシの宝庫でした。

無心で採集している僕に畑の持ち主から「何してまんねん」と問われ「すみません、動物園の者です。このアオムシでないと雛が生きられんのです」と答えると、一緒に手伝ってくれました。またある畑では有難く思われ、お礼にキャベツをもらったりもしました。

この時期は、スズメも自分の雛にアオム

雛はアオムシで育った

シを捕っています。スズメとの競争です。アオムシはアオムシで我々に見つけられにくい葉の裏に身を潜めています。

真っ暗になると今度は白菜畑に夜盗虫（ヨトウガの幼虫）が現れます。これはアオムシより大きく柔らかい。後1匹、もう1匹と雛のためを思うとキリがありません。近くの西京極総合運動公園からのサッカーか野球かの歓声を聞きながら、僕は夢中で虫を捕りました。

後日、勤務時間内でもアオムシ捕りの許可が出て、何人かと公用車で桂川の河川敷へ採集に出かけました。その成果もあって、雛は順調に育ち、30日で無事巣立って、その後間もなくして自立採食もできるようになりました。そして、ようやく6カ月を経過して初の繁殖となったのでした。

三腹目の雛についても無事成育しましたが、このころ（7月7日〜）にはキリギリスなど、バッタ類の幼虫、ミノムシ、そしてセミの幼虫が沢山出るので、その採集に熱中しました。

ミノムシは外灯のある近くのグリーンベルトのウバメガシや楠の木で、そして、セミの幼虫については御所周辺で大量に採集ができました。蒸し暑い夕方、7時過ぎの薄暗い中をウロウロしていると巡回の警察官からは不審がられ、カップルからは嫌がられたものですが、その時一緒に協力してくれた相棒の津村義則君や阪本英房君には迷惑をかけ申し訳なく思っています。

今回の育雛にあたって、セミやミノムシが全滅するのではないかと思われるほど採集したので、虫たちにとっては僕が一番の天敵であったかと思います。

ちなみに巣立ちした雛たちは成鳥して他園へもらわれて行きました。又、途中衰弱して人工育雛となったメスの個体（ギャオスちゃん）も無事育ち、繁殖できました。

人工育雛の時からコオロギを与えていたの

無事巣立ちした雛たちと両親（中央）

で、ギャオスちゃんは何ら問題なくコオロギを雛に与えて育てあげたのでした。

　車で桂川を渡る時や、国道9号線の千代原口のグリーンベルトの横を通るたび、僕はいつもアオムシ捕りやミノムシ捕りを思い出します。

成育し筆者に甘える

オジロワシ

——猛禽・夢の繁殖

「キャッキャッキャッキャッ……」とオスの甲高い声。「カッカッカッカッ……」とメスの太い声。午後、給餌に入るとオスもメスもその威嚇声は、今朝掃除に入った時よりも一段と大きく激しくなっています。メスはずっと巣に座ったまま。いつもは怖がり屋のオスが、何と僕のすぐ近くまで来て威嚇します。すると今度はメスが巣から立ち上がり、僕に今にも飛びかからんとして巣の縁へ身を乗り出した、とその時、「ピィーヨ、ピィーヨ」の小さくかすかな声。ヒナの声だ！孵化している。ついにやったー！

2001（平成13）年5月21日、午後2時40分オジロワシのヒナ誕生を確認。

僕は胸の高鳴りを必死でこらえ、素早く餌を投げ入れ、何もなかったかのように静かに舎外へ出て、足早に猛禽舎を離れました。

上司と獣医さんに報告のため、すぐに2階事務所へ走りました。嬉しい報告は自然と足が軽くなるものです。

僕にとって、好きな猛禽の飼育ができて、さらにそれが繁殖したのですから、まさに夢心地の感がしました。これまでの経過を振り返ってみましょう。

どこの動物園へ行っても、猛禽類は大抵金網とコンクリートの狭い檻の中。1羽か2羽がじっと止まり木にいます。

かっての京都もそうでした。9室中、コンドルとハゲワシは少し広かったのですが、ほかは4畳半位。そんな狭い中におのおのオジロワシやシロハラウミワシたちが1羽あるいはペアで入っていました。僕は入園してすぐに猛禽舎が代番となりました。猛禽が好きだったのですが、いざ中へ入ってみるとさすがに迫力が違います。オジロワシの場合、突然鳴いて翼ではたいて威嚇《いかく》してきました。ごっつい鋭い嘴《くちばし》、太い足と鋭い爪、羽毛を立て鋭い眼光で睨みつけてきます。そんな中、バケツとシックイでの水洗い。いつ襲ってきてワシづかみされるかビクビクしながらの掃除です。それが無事終わると1日の仕事が全て終わったような気がしました。

　以前収容されていたオオワシには、先輩たちはみんな背中に乗られコツかれたらしいのです。

　魚を主食としたオオワシやオジロワシは嘴が大きく鷲らしい形から絵や彫

ヒナを守る母親

巣立ちして間もないころ（３カ月齢）は全身黒っぽい。左は父親

刻のモデルとなっていますが、それら海鷲よりもむしろ山鷲と呼ばれるイヌワシやクマタカの方が気がきついといわれています。捕る獲物の違いからかも知れません。獲物であるキツネやアナグマなどに咬まれることを防ぐためか、彼らの足は羽毛で覆われています。

猛禽舎でヘルメットを被って作業している担当者がいれば、そのワシタカは多分攻撃の恐れがあると思っていいでしょう。

結局、僕はこのオジロワシには一度も攻撃されることなく、しかもそのうちアジを手渡しできるまでに懐かせました。

思えば小学生のころ、学校の幻灯機で、人間の赤ちゃんが大鷲にさらわれる物語を見たことがありました。その影響で、奥山へ友達とメジロ捕りに行った時、突然「ピッピー！」と鳴いてサシバが上空に現われた時、思わず、さらわれると思いすぐに身を伏せ、飛び去るまでじっと待ったものです。実際はトビより小さいタカなのに、それが不思議と大鷲ほどに思えたのです。

そのサシバを僕は中学生のころに飼ったことがあります。高いモミの木に造った巣を見つけ、友達と二人で登り、親鳥のきつい攻撃を必死にかわしながら、白い綿毛のヒナ

1羽を捕ってきました。

毎日、カエルや川魚を与えて育てました。小さくかわいい中にも既に猛禽の風格が備わっていました。よく懐き、立派に成長し、巣立ち後もはるか上空に上っても、僕の口笛を合図にすぐに舞い降りて腕に止まりました。僕は毎日鷹匠になったつもりで得意になっていました。ところが夏も終わりのある日のこと、上空にサシバの群れがやってきて、その渡りに連れて行かれたというか、鳴き声に誘われ一緒に飛んで行ってしまったのです。僕がどんなに呼び戻そうとしても駄目でした。やがて南の空へ小さく消えて行ってしまいました。

サシバを飼って以来、僕は猛禽が好きになりました。

何といっても精悍な顔つき、大空を舞う姿形の格好良さ、寡黙で孤高なところ、そして賢くて強いところに魅せられるのです。

さて、狭い京都の猛禽舎は1981（昭和56）年に事務棟（図書館も含む）の建設に伴い取り壊され、新しく元フラミンゴ舎の跡に新設されました。4室と少なくなりましたが、各室は以前より3〜4倍は広く、土の地面で繁殖用の巣塔も備えられました。

以前からのオジロワシ（メス）は、1994（平成6）年10月17日平川動物園へ行き、

11月22日、東京都立大島動物園からオス（多摩動物園生まれ8歳）が入園。そのオスと1984（昭和59）年3月21日入園（中国・成都12歳（推定））がペアとなって飼育されるようになりました。

オスは神経質で臆病。メスは落ち着いた性格で力関係も上でありましたが、ペアの相性は悪くはなかったのです。

そのうち、メスに枝を折るなど繁殖の兆候がみられたものの、当時の担当者は全くそれらに興味が無いというか、眼中に無かったようで、上司にヤイヤイ言われてやっと巣材として入れたのが笹でした。サギならばともかくも……。

その後担当になった檀林幹弘君は、観察も仕事も熱心で、僕にもいろいろ相談に来ました。

メスは枝をくわえて巣塔まで運ぶのですが、巣作りができないとのこと。そこで僕は、カンムリサンジャクで繁殖に成功したのを参考にして、同じように親鳥に代ってこちらの手で作ってやろうと提案し、早速彼と一緒に巣を造ってあげたのです。

園内の剪定で出たケヤキや桜の枝を、太い基礎から順に細く積み上げ、木の葉や乾草で産座を作り、ほぼ本物大位の大きな巣を完成させ、巣塔に梯子を掛け、皆の協力を得て取り付けました。

すると1999（平成11）年3月25日、産卵があり、メスは熱心に抱卵をしました。しかし残念なことに2卵共孵化はしなかったのです。原因は産座がまだ浅いことによって卵が隙の枝の中へ入ってしまい破卵したのでした。

さらに残念なことに翌年彼が長期の病気で休むことになってしまったのです。そこで彼の担当の全て（猛禽舎・フラミンゴ舎・代番の類人猿舎）を僕がそのまま引き受け、僕の担当個所（カモシカ苑）は他班が引き受けてくれることになりました。

そのころ、僕は担当係長でもあり、現場の仕事のほか、何かと雑用が多く、係員の悩み事から施設の修理、苦手な会議、また、会議。そんな中、再び好きな猛禽の仕事ができることは正直、望外の喜びでもありました。

1月になって新しい巣を作ることにしました。園内のあちこちからの材料集めは楽しいものです。昨年の轍を踏まないように、今回は被覆金網を底にしてそこへ五葉松の枝葉、柳などをぎっしり差し込み、その上に産座として松葉、杉皮、木の根、布切れ、ススキなどを敷き詰めます。野生の親鳥に思いを馳せ、親鳥の気持ちになって巣の中に入って体重をかけて造るのです。仕事の合間に2日間かけて、直径160センチ、厚さ

30センチ、縁を高くしたものを造り上げました。ずっしりと重い。

1月14日、5人に手伝ってもらって巣塔へ運び上げました。この時、親鳥は前もって捕獲して箱に収容しておきました。

巣の設置のついでに、巣の近くへもう1本止まり木を取付け、メスが落ち着いて安心して抱卵・育雛に専念できるよう、外からのカラスの攻撃・直射日光・雨除けに、巣の上のネットにビニールとヨシズを設置しました。

3月25日。産卵がありました。しかし今回も残念ながら孵化しませんでした。2卵共発生が認められなかったことから、未受精だったのかもしれません。

本物のオジロワシの巣のように作る筆者

翌、２００１（平成13）年、２月中旬です。オスとメスの鳴き交わしが夕方遅くまで聞かれるようになって、３月２日と４月10日には初めて交尾を確認しました。

４月11日、メスは一日中巣を離れずに座ったり、足元を気にする行動から、産卵があったものと断定しました。

僕は今回こそと思って特に慎重に立看板「オジロワシ抱卵に付、超静かに！」まで設置し、近くのヤブイヌ担当たちにも忠告したのでした。

猛禽類は特に神経質なので、アメリカのトペカ動物園ではイヌワシの繁殖の際に、観察は60メートル以上離れて行なったとあります。

オジロワシの孵化日数は35日。多分２卵として、２卵目の方だけ孵化したとすれば、５月21日が最終孵化日となる……などと僕は楽しい計算をしながら、いつ質問されても即答できる用意をしておきました。

それがまさに的中、５月21日孵化したのです。巣内が下からは全く見ることができないので、「ピィー」というかすかな雛の鳴き声から、数は１羽だけと判断しました。

親に給餌してからしばらくの間、観察をしましたが、オスは巣内のメスに餌を全く運ばないのです。その後もずっと運びません。どうもその気がないようです。

普通、ワシタカの雛は生まれてしばらくは弱々しいため、その間メスが巣内に一日中留まって、外敵や寒さから雛を守らねばなりません。そのため、餌を捕ってきて巣へ運ぶのはオスの仕事なのです。

ところがこのオスには困りました。僕が「何で?」と問えどオスは「ワシは知らん」といった素振りです。

オスのやる気を待ってられないので、オスに代わって僕が餌をあげることにしました。馬肉、鶏頭、鯉（稚魚）のほか、特別にヒヨコとマウスをおのおの骨や皮を取り除き、細かくたたいてミンチ団子を作り、それを巣の縁へ放り上げて与えました。巣の縁へ与えたのは、産座が餌にくっ付き、乾草が胃に詰って死んだオオワシの雛（他園）の例があるからです。また、当園でも国内初の繁殖であったハゲワシの雛が、餌と一緒に飲み込んだヨシズが原因で孵化後１カ月齢で死亡（１９５４（昭和29）年）しています。

記録と公報用に雛の写真を撮ったのは孵化後３日目でした。裏に回って巣の近いところへ外から梯子を掛け、網越しに撮りました。巣までの距離は約２メートル。すごい怒声の中、メスは翼をはたいて攻撃してきました。２枚だけ撮って、僕はあわてて退散しました。雛はやはり１羽だけでした。ニワトリのヒヨコほどの大きさで全身白い綿毛に包まれ、その姿のかわいいことかわいいこと。まだ外界の怖さが判らないのでしょう、あどけない眼で僕を眺めてきました。オジロワシの雛も嘴と眼の周りが黒く、ほかのワシタカの雛たちと共通した顔立ちをしていました。

以後、撮影は巣から離れた観客側から梯子を掛け、望遠レンズを使用しました。

雛は順調に成長し、半月もすると綿毛は灰色となり、このころ、親鳥が警戒声を発すると巣内にペターと伏せるようになりました。

24日齢のころには、チャボほどになり、肩・背・翼に筆毛が出て、36日齢ではその筆毛がすっかり黒褐色の羽となりました。43日齢では頭部にほんの少し産毛が残っているものの、オス親の身体と同じほどとなりました（大体ワシタカの場合、成鳥のオスはメスより小さく、オジロワシやクマタカ、ハイタカではそれが顕著です）。

57日齢では巣の縁に立って盛んにはばたいてジャンプ、巣立ちも近いのが分かります。体色も一見イヌワシのようです。昔、動物業者にイヌワシといって購入したのが、数年後にオジロワシであったのも分かる気がしました。それほど、幼鳥はイヌワシに似ています。

7月23日、64日齢、巣立ちしました。まだ飛ぶのは下手ですが、嬉しそうです。止まり木から地面、そして巣へと力強く上手に飛べるようになったのはそれから10日を要しました。

3カ月齢では餌場で親と一緒に初めて自力採食をしました。しかしまだこのころは親鳥に餌を甘えることがあり、その都度親鳥も応じていました。

野生では完全に独立するのは9カ月かかり、尾が白く成鳥羽になるのは5～6年、それから繁殖が可能となるのです。

今回、僕は幸運にもオジロワシの繁殖に恵まれましたが、スペースの限られた都市型動物園での繁殖は関西の動物園でも初めてのことでした。巣造りや給餌の面での手助けはしましたが、カラスや僕たちに対する激しい攻撃、暑い時は雛に水を与え、翼で日陰を作り、巣内に青葉を敷く（保湿・殺菌・虫除けなどといわれている）などの行動に感激しました。

オジロワシはユーラシア大陸の北部で繁殖し、国の天然記念物になっています。しかし、国内の営巣地は開発などによって必ずしも良好とはいえず、近年シカ猟に使用される散弾によって死亡したシカを食べたオジロワシが、鉛中毒で死亡する件数が増えつつあります。また、飼育下においても多摩動物公園と釧路市動物園の血統の割合が全体の

4割強の状態になっている点や、飼育園館の過半数が単性飼育であることなど、さまざまな問題を抱えています。今後、各園館の協力の下に、血統の多様性を図ると共に、繁殖個体の野生復帰や収容施設の検討を含めた計画も望まれています。

オジロワシ

ヤツガシラ

——北朝鮮からの贈りもの

ヤツガシラ舎を掃除していると子どもたちがやってきました。

「キツツキやー！」「かわいい！チョンマゲみたい！」

次におじいさんとおばあさんがやって来ました。おばあさんは看板を見て「ヤツガラシ？ちゃうなー、ヤ・ツ・ガ・シ・ラやて」

するとおじいさんが、「ヤツガシラならわしも作ったことあるでー」思わず僕は笑ってしまいましたが、これとよく似た話があります。

かつて生物学者でもあられた昭和天皇が、皇居の庭に降りたヤツガシラを見るために、侍従に双眼鏡を持って来るように命じたところ、「お芋を見るのに双眼鏡がなぜいるのですか？」と聞き返されたといいます。

余程、鳥に詳しい人でない限り、ヤツガシラと聞けば年輩の方ならまず「里芋」の方を思い浮べます。

ヤツガシラという鳥はヒヨドリほどの大きさで、ツルハシのように下に曲った細長い嘴で地面をつついて虫を探します。食べ方は、嘴の先に摘んでポイッと口の中へ入れます。時折チョンマゲ？のような冠羽をパッと扇のように広げるのがとてもおもしろい。

ヤツガシラを漢字で「戴勝」となっているのは、広げた冠の形を勝利者の冠にみたてたことが由縁らしいです。

また、蝶のようにヒラヒラと飛ぶのもこの鳥の特徴で、その時鮮やかな白黒の縞模様が目につきます。

ヨーロッパ、中央アジア、東南アジア、中国から沿州にかけての地域、アフリカ、マダガスカルと広く世界に生息しています。イスラエルではその国の国鳥に選ばれていますす。アフリカへ行って来た友達から、「ホテルの庭でもよく見られたよ」と聞かされました。

日本では旅鳥となっていて、滅多に見ることができません。

春と秋の渡りのころ、主に春、芝生や畑などに降りているのを日本各地で確認されま

育雛中のヤツガシラ

すが、発見されると大変です。バードウオッチャーやカメラマンが殺到し、近隣の住民に多大な迷惑をかけるそうです。

京都でも数例が確認されていて、5年前、知人がたまたま僕の住んでいる近くの公園（大蛇ヶ池）の芝生に降りているのを見ています。

珍鳥とはいえ、長野県をはじめ、秋田、岩手、広島県では繁殖した例があり、越冬の例も確認されています。（古い記録によりますと、古代ギリシャでは動物に対して強い好奇心があったようで、紀元前5世紀にはインドクジャクやフラミンゴのほか、既に、このヤツガシラを飼っていた人がいたとのことです。）

さて、前置きが長くなりましたが、このヤツガシラが8羽、北朝鮮の平壌中央動物園から贈られてきました。1991（平成3）年8月5日でした。

僕が担当することになったのですが、ちょうどそのころ、カンムリサンジャクの繁殖（国内初）、アマサギの繁殖（当園初）、それに加えてホオアカトキの人工育雛（国内初）や、そのほか、コサギ、アオサギ、ホオジロエボシドリ、ウズラと繁殖が続き、超多忙な最中で、正直「えらいこっちゃなー」と思いました。

あっち立てればこっち立たずということがあるように、どちらかに重点を置いて仕事をしていると、どうしても片方がおろそかになってしまい、気がつけば最悪な事態になっていることがよくあるからです。

最初の10日間は検疫です。僕以外の担当者にやってもらいます。それは、もしヤツガシラに病原菌があれば、僕の担当している鳥全体に伝染する恐れがあるからです。

金籠2つに4羽ずつ分けて入れ、餌はコオロギです。1羽1日40匹食べると計算して、8羽で320匹。当園の爬虫類館でフタホシコオロギを養殖してもらっていますがとても足りません。

そこで業者から2箱・1キロ100グラム、約2000匹を購入してもらうことにしました。1週間分です。与える際、餌鉢から飛び出さないように、蹴足を取り除く必要がありました。

ほかに川エビも与えましたが、ほとんど食べません。

無事検疫が済んだものの、ヤツガシラ舎が完成していなかったので、9月22日まではそのまま金籠で飼育しました。

このヤツガシラたちはいずれも野生のものを捕獲（それを専門にしている人がいる）したとのことですが、おそらく巣立ち直前か、直後に捕獲されたのでしょう。よく落ち着いて懐いていました。ただ嘴が長く、嘴の会合線根部が全く見られないことから、今年生まれでないことは確かでした。

とにかく面白い格好をしていて可愛い鳥です。まだ籠飼い状態でしたが、落ち着いていることもあって来園15日目の8月20日には一般公開をしました。

そのころ偶然、ヤツガシラを飼育した他園の方が来られ開口一番、「ヤツガシラは長生きしないねー。ミルワームしか食べないよ。うちは7羽入ったけど最初のうちは1カ月置きに死んじゃった。寿命は1年だねー」

まさにそのことを聞いた翌日の9月1日のことです。朝、既に1羽が死んでいました。比較的落ち着いていた個体ですが、狭い籠の中、何かトラブルかストレスがあって十分に餌が食べられなかったのか、体重は43グラムとかなり痩せていて、平均体重の半分しかありませんでした。解剖した結果、外傷はなく、メスでした。

1羽が死亡してから半月後、ほぼ収容舎が完成しました。

狭いながらも3室あって、入口は脱出防止用に2重扉のセカンドキャッチシステム。金網はヘビの進入できない1センチの亀甲網。基礎や扉間に隙間ができていないか、綿密に確認します。

一方、収容舎のセッティングについては全て僕がやることにしました。園内のあちこちから、前もって集めて置いた枝ぶりの良い止まり木や石を組み合わせ、草木を植えます。子どもの時から盆栽や庭作りが好きだったので、忙しさの中でもこの時は楽しくやりがいがあります。

客から見ても見栄えのするように、そしてヤツガシラの身になって落ち着ける空間と逃げ場も作ってやります。楽しめる砂場、繁殖に欠かせない巣箱の設置。その位置と巣穴の方向も大切なのです。

しかし、形ばかりにこだわって掃除など作業面を無視した造りになれば、後々の担当者に文句を言われますので、その点も気をつけなくてはなりません。

9月22日、ようやくヤツガシラたちを籠飼いから新舎へ移動することができました。全羽一斉に元気よく飛び回り、嬉しそうに「グッ、グッ、シャー、シャー」と鳴きます。枝に止まるとその都度、シンボルの冠羽をパッと広げます。日光浴は頭を後方へそらし、嘴は半開き。全ての羽を広げて動きません。初めてこの格好を見た時、僕は具合が悪いのかと一瞬疑いました。

やがて1羽が砂場へ降り、嘴でせわしく凹みを作ったかと思うとその中に身体をうずめ、砂浴びを始めました。すると連鎖反応のようにほかの個体も皆砂浴をやり始めました。

一応、小さな池を造ってはいるのですが、この鳥は水浴しませんね。また、水を飲むところを僕は一度も見たことがありません。餌の虫からの水分で足りているのでしょうか？長い嘴のため、水を飲むのに不向きなのも確かです。

9月24日、僕は出張で上野動物園のヤツガシラが飼育見学に行く機会を得ました。上野動物園では広い広いバードハウス（86・7平方メートル）の中に、アオショウビンやエボシドリの仲間たちと一緒にヤツガシラは2羽飼育されていました。

担当の兵藤あずささんに案内され、親切丁寧な説明をして頂きました。

餌はミルワームとオキアミと水でふやかしたドッグフード。その中でも生きた虫を好み、ミルワームだけでも3～5年は生きるとのこと。4～5月の繁殖期にトラブルや闘争が原因で死亡することが多いので、弱い個体は別飼いすること。寒さに弱いので来園1年目は暖房した方がいい。雌雄の鑑別は難しいという話でした。

また、飼育事務所では伊東員義さんにお会いすることができ、多摩動物公園に勤務していたころにヤツガシラの餌集めで、捕虫網や誘蛾灯で虫捕りをした苦労話も聞くこと

餌をねだって近寄ってくるヤツガシラたち

ができました。

　京都に帰って間もなくの9月26日。また、1羽死亡しました。死因は頭部打撲、胸部にも傷がありました。オスでした。非繁殖期なのになぜ闘争したのか。早くもこれで2羽死亡です。

　親善動物のこともあり、ヤツガシラについてさらに詳しく知ろうということで、動物園長名で東京にある朝鮮大学校に、平壌中央動物園でのヤツガシラの飼育について問い合わせてもらいました。

　すると現在、ヤツガシラは飼育していないとのことでした。しかしその他の情報を文書によって知ることができました。

　それによりますと、北朝鮮では、3月頃ヤツガシラが渡ってきます。繁殖は民家の屋根瓦や雨どいの隙間でしているので、収容舎内でも巣箱については特別なものはいりません。10月末〜11月初めに南へ渡っていきます。このころの気温は0℃（度）前後です。

　飼育下においては繁殖期、巣に近づくとメスでもほかのペアの個体を殺すことがあるので、繁殖期は必ずペア飼いにすること。

　そして動物園で雛が孵化すると、収容舎の扉を開けて出入り自由にします。親鳥は外へ出て虫を捕ってきて雛に運び育てます。そして雛が巣立ち直前になると扉を閉めて外に出ないようにする、とのことでした。

広大な耕地と草原が広がり、餌の虫も豊富なお国柄とはいえ、鳥の育雛本能を利用したその発想には感銘を受けました。

その後ヤツガシラたちはますます僕によく懐き、脱皮直後の柔らかいミルワームを見せると、ねだって手に乗るまでになりました。ネキリムシ（コガネムシの幼虫）やイナゴも大好きです。また、栄養面を考えて、コオロギとミルワームにはカルシウムとソルトップ（ビタミン剤）を添加しました。

11月12日、いよいよ暖房設備のある鳥類舎へ移動することにしました。当日は4羽移したのですが、後の2羽の個体は巣箱の中へ入ったきり出てこなかったので翌日の捕獲としました。

翌13日の朝、そのうちの1羽が膨れてじっとしたまま動きません。すぐに獣医室へ運び、ドライヤーで体を温め、強心剤とブドウ糖を注射しました。

弱った小鳥にはまず体温を上げることが一番で、すぐに効果が出て元気になるものです。その後、診断によって注射をするのですが、多くの小鳥の場合、「注射をすれば必ず死ぬ」が、僕たち飼育係の中では定説になっていました。

事実、僕も何十例となくその場面に立合っています。獣医さんとしては、何とか生かすべく最善を尽くして注射をしてくれるのですが、弱った小鳥にはそれがかなりのダメージとなって、注射の直後に力尽きてしまうことが多いのです。

注射をする時、内心僕は九分九厘これで駄目だろうと思ったのですが、今回は死なず、一旦は回復をしたのです。しかし夕方になって再び危篤状態となり、夜遅くまでの看護もかなわず、翌朝見た時には残念ながら死亡していました。死因は肺炎でした。

それから12月になって、今度は2件の事故で2羽が命を落としたのです。

1件目はガムテープでの事故です。暖房の入った鳥類舎は観客面がガラスになっています。ヤツガシラの激突防止として、その緩衝用に透明ビニールを当てていました。その固定に使用していたガムテープをつついて遊んでいたのでしょう。そのテープが運悪く嘴にくっついて、絡んで取れなくなり事故になったのです。

朝発見した時には瀕死の状態で、出血も多量。入院治療するも翌17日に死亡しました。

2件目は暮れの12月31日、朝、止まり木の先の細い枝に引っかかってぶら下がっているのです。脚環（個体識別用におのおの装着している）が枝にはまって取れなくなっていたのです。暴れて骨折、出血もありショック死でした。

考えられないことだっただけに、本当に驚きました。何が起きるか分かりません。しかし、事故にはおのおの事故になる要因があって、起こってから「やっぱりなー」と気付くことがあります。少しでもヤバイと思ったことはすぐに改善しておかないと、後悔することになるのです。失敗するとベテランほどその責任を強く感じ、気にするものです。特に僕の場合「死んだものはしゃーない」とはなかなか割切れない困った性格なので、いつまでも気にするのです。ただ同じ失敗を二度と繰り返さないことだけは、強く思っていました。

それにしても、満を持して取り組んだつもりが5カ月で5羽も続いて死ぬと、「ヤツガシラの寿命は1年だねー」と言った他園の方の言葉がよみがえり、僕の脳裏から離れないのです。

しかし、年が明けて2月も後半になったころ、日照時間も次第に長くなり、さらに室内は暖房していることもあって、ヤツガシラに繁殖の徴候が現れてきました。ディスプレイが見られたのです。

残った3羽のうち、オスが2羽、メスが1羽であることが分かったのです。

今まで外見では全く分からなかったのですが、交尾行動や鳴き声で分かりました。オスは「ホ、ホ、ホ」と鳴くのです。ちょうどその声は、私たちが裏声でホとフの中間の声で、1秒間に3回の割合で発すれば、ほぼ似ていると思ってください。ツツドリ（カッコウの仲間）もよく似た声ですが、ツツドリは2声です。

3月に入るとほぼペアの形成ができ上ったので、もう1羽のオスを分けました。そして4月11日に野外の収容舎へ移動しました。

いよいよ繁殖の機運に僕の気持ちも高ぶります。希望が出てきました。以下繁殖経過は次の通りでした。

番《つがい》形成はオスからメスへの求愛行動によって行なわれます。オスが巣の選定をして、巣へ何度も入り、メスを巣箱へ誘導し、同時に追尾行動も行なう。

求愛給餌の時、オスは小さく「ポンポンポン」と鳴き、メスは「チェチェチェ」と甘え声を発する。時には90秒と長く、餌をくわえさせてはまたやり直すことがあった。この時、オスの口から多くの唾液も一緒に与えられる（これは後に巣立雛に給餌する時にも見られた）。メスは巣箱内にある落葉などを全て外へ放り出すとやがて巣に執着し、オスは以後、外で見守ることになる。交尾は朝夕に見られ、抱卵に入ってからも2～3日は行なわれた。

1回目の繁殖は4月14日、産卵があり熱心に抱卵したが、25日目に抱卵放棄したので取り上げる。2卵有り、無精卵であった。間も無く交尾開始。

2回目の繁殖は交尾行動が始まってから28日の6月12日から産卵が見られ、計3卵を産んだ。卵の色は淡青白色。3卵中1卵が孵化した（孵化日数16～18日）。残り2卵は無精卵と腐敗乾燥卵。

抱卵中のメスは1日に2回ほど、排便のために巣から出る以外はほとんど出ない。餌は全てオスが運ぶのであるが、オスの「グッグッ」という声に対して、メスが「キュキュキュキュッ」と応える間は何

交尾

度でも運び続けた。

育雛期の餌はやはり柔らかいブドウムシ（ハチミツガの幼虫）と脱皮直後のミルワームばかりであった。メスはオスから受け取り雛に与えていた。

メスは雛が7日齢までは、雛の糞を食べて処理するが、8日齢からは巣外へ捨てに出た。雛が14日齢ともなると、メスも雛に餌を運ぶようになり、このころからはむしろオスよりはメスの方が主として雛に給餌するようになった。21日齢になると巣穴に止まり「チーチー」と大きなねだり声を上げて餌をもらうようになり、23日齢で巣立ちをした。

巣立ち後、3日間はメスと共に巣に入ることがあった。25日齢には驚いたり警戒すると冠羽を広げた。砂浴びや採食行動もしたが、自力で食べるようになったのはそれから数日後であった。

雛は46日齢ではまだメスに餌をもらっているが、ほとんど自力採食をしている。48日齢で「ギェー」と太く濁った声を出すようになり、115日齢で初めて「ホ、ホ、ホ」と鳴いた。オスと判明……。

繁殖したのは1羽だけだったが、これは日本の動物園では初めてのことで、日本動物園水族館協会より「繁殖賞」を頂きました。

来園した8羽がオス6羽、メス2羽で、そのうち生き残った3羽にメスがいてくれたことが幸いしました。しかもそのメスがよく懐いていたので、育雛中も安心して巣箱の中を見ることができました。

また、養殖ブドウムシ（ハチミツガの幼虫）を購入できたことも助かりました。

この虫は渓流釣りの餌として販売（1缶690円で23匹入っている）しているのですが、柔らかく栄養があって最適です。上野動物園ではシジュウカラの繁殖成功に役立った虫なのです。その記事を読んで、僕はこれだと思いました。

ただ1匹が約30円と高いため、購入は難しいかと思いましたが、ほかにカンムリサンジャクの育雛もやっていてとても脱皮直後のミルワームとコオロギ（幼令）の量が足りません。それにアオムシもミノムシも時期的に未だ少なかったのです。

困った僕はそこで思いきって日報に「ヤツガシラの育雛成功は虫次第である。ぜひ、ブドウムシの購入（1日5缶＝110匹必要）を願いたい」と書いて提出したのです。たかが虫ですが、1日3300円もかかります。

駄目元で要求したところ、育雛期の2週間だけと条件付きで購入が決まったのでした。

親善動物、北朝鮮からの贈りものということもあり、園としては特別に認めざるを得なかったのでしょう。

それにしても、必要なことは遠慮せずに言ってみるもんやなーとつくづく思いました。

カバ

——ポイントガイド

動物園が来園のお客さんにおこなっているいろいろなイベントの1つに、ポイントガイドというのがあります。

ポイントガイドというのは、飼育係が自分の担当している動物について、動物舎の前でお客さんに説明するというものです。

旭山動物園など早くからおこなっている園もありますが、京都の場合、創立100周年を記念に市民に積極的に働きかける教育活動の一環として、2003（平成15）年4月から毎月1回、日曜日に行っています。

いつも裏方にいる飼育係の「生」の声「本音」が聞けるということで、これが結構お客さんには人気があるのです。

今日はカバのポイントガイドの日。

午後1時30分、園内放送の案内もあって、カバ舎の前は既にお客さんでいっぱいです。しかし、カバはいつも通りプールの中、潜ったまま姿は見えません。

「え〜みなさん、こんにちは、今日も御来園有難うございます。カバ担当の髙橋です。どうぞよろしくお願いします。

これからカバについてお話ししたいと思います。現在京都の動物園には2頭のカバがいます。室内プールにはオスのナルオ。

そしてここ野外プールにはメス、ツグミがいます。ただ今別居中です。別に仲が悪い訳ではありません。赤ちゃんが産まれても、カバをほしいというところがないため、一緒にできないのです。

オスのナルオは14歳です。2歳の時に神戸の王子動物園からやって来ました。1989（平成元）年に産まれたことから平成の成をとってナルオと名付けたそうです。とてもイケメンで非常におとなしいカバです。ごっついカバなので太れば4トンほどになると思うんですが、胃腸が弱くてなかなか太れません。食べるスピードも遅く、ツグミの倍の時間がかかります。

ナルオにはおもしろいクセがあります。

それはバスのエンジン音に合わせて「ブオッブーブーブー……」と鳴くのです。ちょうどカバ舎の裏が市バスの停留所になっていて、バスが発車するたびに必ず鳴くのです。壁でバスが見えませんが、そのエンジン音がカバの低音に近いことから、ナルオはバスを仲間と思っているのかもしれませんね」

お客さんは僕のそんな話より早くカバを見たい様子です。

「みなさんの中には、カバを「バカ！バカ！」と言わはる人がおられますが、カバはバカではありません。賢いですよ。

野生では雨の少ない年は、餌の草が少ないということで子どもを作りません。カバをカバーする訳ではありませんが、キリンやシマウマよりはずっと賢いですよ。では呼んでみますね」

「ツグミー！」

僕の一声で「プカッ」と水面に大きく目をむいて顔を出しました。一斉に「ワァー凄い！」という歓声が上がりました。

一声でツグミを水面に顔を出させた僕にか、僕の声を見事に聞き分けたツグミに対しての歓声かはわかりませんが、とにかくお客さんは大喜びです。

そして次に「ハイッ上がって！」の声にツグミはすぐ水しぶきをあげて一気に上陸します。その巨体にお客さんはさらに驚き、「いやー、カバってこんなに大きかったんやー、初めて見たわー！」と感動する女性もいます。

ツグミは上るやいなや、ペタペタペタッと走って僕に駆け寄ります。

その素早さにもお客さんは驚いたようです。そして次に「ハイッあーん！」と言うと、ツグミは「ガバッ」と口を大きく開けます。

この時お客さんの喜びは最高潮に達します。何といっても大きく150度まで開く口がカバの魅力なのです。僕は褒美におやつをあげます。大好物のペレット（草食獣用固形飼料）を口の中へ投げ入れます。

「これがツグミです。京都生まれの京都育ち、今、16歳、日本一美人」ここでお客さんは大笑い。「体重は1115キロ、これはカバとしては軽くて小ぶりです。継美《ツグミ》という名前は、赤ちゃんを沢山産んだお母さんの後を継いで、カバの家系が絶えないようにと、当時の担当者が名付けました。

ツグミの母親は最初のオスとの間に2頭、次のオス（息子）との間に18頭の赤ちゃんを産み、ツグミはその最後の18番目に産まれたカバです。

食欲旺盛で丸々していますが、ダイエット中です」ここでもお客さんは大笑い。

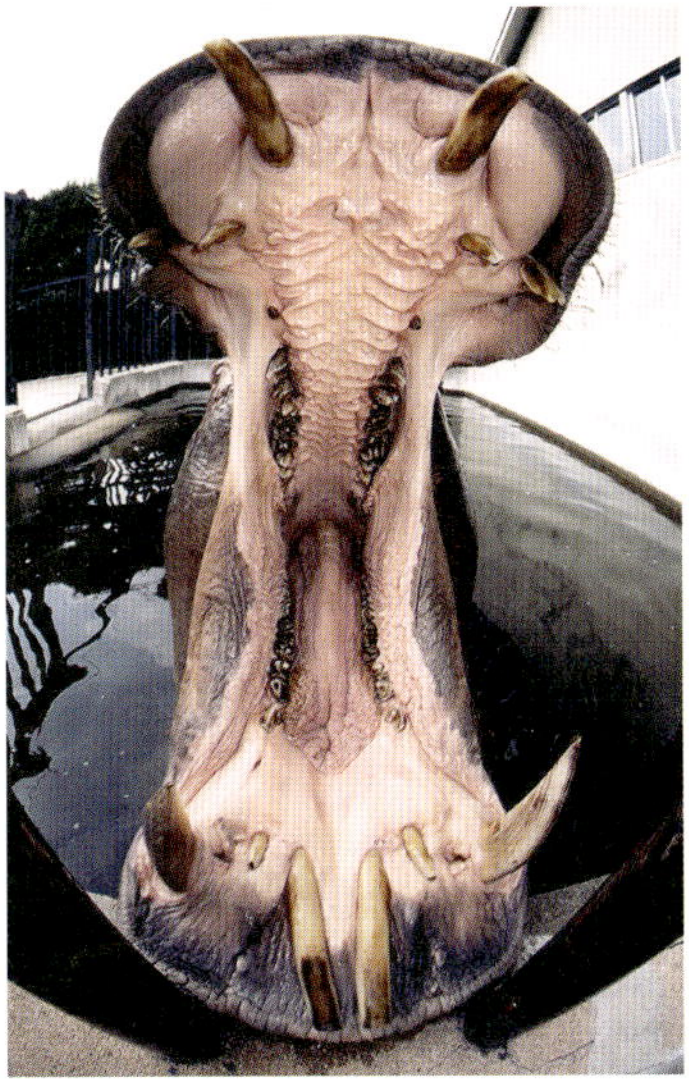

カバの歯は40本（ナルオの開口）

「と言いますのは、京都のプールは陸との段差が大きく、太り過ぎると腹がつかえて上れないからです。カバは大食いと思われがちですが、それほど食べませんよ。

1日で青草20キロ、乾草1・5キロ、ペレット5キロだけです。

大きな体の割には余り食べなくてすむのは、水中でじっとしていることが多く、エネルギーを使わないためだと言われています。

ところでみなさん、カバの歯は何本あると思いますか？

その前に私たち人間の歯は何本でしょうか？そこのお嬢ちゃん、分からなかったらお母さんに聞いてみて」と僕はイケズな質問をします。

するとその若い母親は、真っ赤な顔をして「えー？20本？30本？イヤヤわー、分からへん」と困りました。

まず大抵の人は知りません。学校の先生でも知らない方が多いのです。「人間はね、子どものころの乳歯は20本、大人になれば親知らずを入れて32本です。ではカバは何本？」と改めての質問に、

「ハーイ、2本！」「4本！」「6本！」と一斉に威勢のいい子どもの声が。

「ブー、6本は象ですよ」するとさらに大きく「20本！」「30本！」

「ブー、30本はトラやライオン、猫の仲間、まだまだ」と言うと、やっと正解の「40本！」が出ました。

ここでツグミにおやつを与え、もう一度口を開けてもらって「これが外からでも目立って見える犬歯と門歯です。犬歯は闘いなどの武器に、門歯は草を引き抜いたり水草をかき集めたりする時に使います。

ツグミはメスなので、犬歯は短いのですが、オスは長いですよ」と歯の説明をします。「オスの鼻の両サイドにあるコブが、メスより大きいのは、下顎にある長い犬歯を納めるサヤになっているためです。

顔だけ見て、コブが大きいなあと思ったら、オスだと思ってください。

かみあわせが悪くなってその犬歯が伸び過ぎると、上顎を突き破らないように切ってやります。

何で切るかというと、これです。金ノコです。2、3人がかりで何日もかけて切るのですが、案外、その間カバはじっとしています。

歯に詰まった食べカスも取ってやるのですが、その時も口を開けたままいつまでも大人しくしていますよ」

おやつを食べ終わるとツグミは重い顎を柵にドンと乗せました。喉を撫でてほしいというサインです。

僕は必ずそれに応えて、まるでワニか爬虫類のような感触の肌を力一杯撫でてやります。その間ツグミはいつまでも気持ち良さそうにウットリしています。とても可愛いものです。歯の隙間の食べカス取りや、喉撫ではカバとの絆を一層強めるのです。

野生ではカバの天敵は目に住み着く蛭《ひる》だとも言われています。それらを取り除いてくれる鳥たちとの間にも、カバは信頼と絆が保たれています。

「しかしみなさん、大きな声では言えませんが、これでいてツグミちゃんは結構難し

カバ（ツグミ）のポイントガイド

いんですよ。一度ゴテると大変です。水に潜ったまま絶対出てきません。

大体カバは昔から臆病で神経質な性格だといわれています。

ツグミも、園内工事で大型トラックが入ったりすると、怯えて餌の時間になってもなかなか上陸してくれません。映画の撮影があり、カバをバックにしたいシーンでは、ツグミを使わず、確実に上陸する無難なナルオの方を出演させました。

それと、ツグミには嫌いな飼育係と獣医さんがいまして、彼らが近づくといきなり怒って突進し、ガチーンと牙を思いっきり柵へ打ちつけます。とても危ないです。

私は幸い嫌われず、懐いてくれたので助かりました。

実際、外国の動物園では、カバに殺された飼育係もいます。

カバは怒るととても危険で、ワニやライオンだって一撃で咬み殺されます。

カバは夕方、あるいは早朝、陸に上って草を食べるのですが、そのカバの通る道で偶然出くわしたり、親子カバとの遭遇が一番危険なのです。その時に殺される人間が、1年で2900人もいるとか。

そのためカバはアフリカの人にとって最も恐れられ、アフリカの野生動物の中で一番怖いのはカバだといわれています。

カバは走っても速いですよ。短距離ならこの中で勝てる人はいないでしょう。時速40キロ、オリンピックの金メダリスト並です。

みなさんの家ではそんなことはないと思いますが、カバは結婚するとメスは非常に気がきつくなります」と言うと即、「うちの嫁さんと一緒やー」「そうや、そうや！」という笑い声がどっと起きました。

「妊娠末期になりますとメスはオスを寄せ付けません。ツグミのお母さんもそうでしたが、その時父親は咬まれて傷だらけになりました。仕方なく赤ちゃんが少し大きくなるまで、オスを別居にさせていました。

カバの赤ちゃんは産まれた時、未熟児じゃないかと思うほど小さいです。体重は30～40キログラムほどしかありません。なぜ小さいかといいますと、妊娠期間が8カ月と短いからです。キリンは15カ月、サイは18カ月、ゾウはなんと22カ月です。

カバはそれらの陸上動物に比べて妊娠期間が短く小さく産んでも大丈夫なのは、危険が多い陸上ではなく、その出産と哺乳がより安全な水中で行なわれるからです。

赤ちゃんは産まれると間もなく泳ぐことができますし、乳も潜って飲むのです。

親は5分ほど潜ったままいられますが、赤ちゃんは30秒位しか潜れません。そのため、なんども息継ぎをしては乳を飲みに潜ります。

潜る時は親と同じように、水が入らないように鼻の穴を閉じ、耳を寝かせて潜り、水面に上ると必ず耳をプルップルッと回して水を飛ばします。可愛いですよー。

私はカバの赤ちゃんが一番可愛いと思います。

母親は赤ちゃんを必ず目の届くところへ置いて絶えず見守っていますよ」

そのころの母親はとてもきつく、担当者にも怒ってきます。水温を計りに来たボイラーマンの人が怖がって柵の近くを通れないので、僕が計ってやったことが

母親とツグミ（２カ月齢）

あります。1カ月もすると落ち着き、このころから父親も一緒に同居させ親子3頭の家族としました。赤ちゃんを咬み殺す父親もありますが、京都ではそんなことは一度も起きていません。

お客さんが帰って誰もいなくなった夕方、カバの親子は陸に上がり、暖かいタンクの側で暖をとります。その時、父親が赤ちゃんの遊び相手になっているのを見たことがあります。赤ちゃんの可愛い口先に、父親が大きな口先を当てて押し合っているのです。赤ちゃんはとても楽しそうにはしゃいでいました。

僕は感動してしばらくの間、その微笑ましい光景を眺めた記憶があります。そんな光景はもう永らく1987（昭和62）年以降見ていません。

1975（昭和50）年代までは、いくら産まれても行く先があったので、繁殖をさせましたが、現在では残念ながら受入先が無く、そのうえ、近親交配による近交係数が高まって（日本のカバの半数が名古屋東山動物園の重吉と福子の子）繁殖の制限、抑制が余儀なくされています。近親交配による劣化がすすめば、産まれる子に、小型、弱体、奇形、最悪死亡の悪影響が及ぶことが考えられるからです。

繁殖抑制をするにあたって、カバはあまりにも大型で、しかも超ぶ厚い皮膚では麻酔も避妊手術も難しく、また、プールの水を抜いて交尾をさせない方法も、カバはいつ発情するか分からないので難しいのです。結局、京都はオス、メス別居方法をとっています。

室内を2つに区切り、室内プールと野外プールへの誘導が実に上手く操作ができるように、前担当者が苦心して改造してくれたので、作業もスムーズにはかどります。

しかし、別居中の若いツグミは発情すると「グフー、グフー」と鼻息荒く柵越しにナルオに尻を向けるのです。それに応えて興奮したナルオを見ると、すぐにでも仕切り扉を開けてやりたくなります。いつもその都度、担当者としては本当に切なく、複雑な気持ちでその場を離れたものでした。

さて、おやつが無くなって、もう貰えないことが分かると、ツグミは向きを変えスタスタとプールへ戻り、水の中へ潜ってしまいます。

「はい、ツグミちゃんは潜ってしまいましたが、何かカバについて聞きたいことはありませんかー」

すると小学生から

「カバはいつ水飲むの？」とまず最初に子どもらしい予想のつかない質問が。

「えーと、そうやねー、餌を食べた後すぐに水を飲むことがあるけど、そのほかは水の中なのでー難しいねー」

続いて別の小学生が

「カバはなぜ水の中ばかりいるのですか？」

「それはねー、水の中でも上手く生活できる体になっていて、泳ぐのも潜るのも得意なんやでー。それに安全で落ち着けるみたいやねー。それとカバは皮が約2センチ、その下に脂肪が7～8センチもあるから冷たくても大丈夫やでー。春と秋の天気のいい日はプールから上ってのんびり寝て日光浴をすることがあるけど、カバの皮膚は乾燥にとても弱いので、長く陸上におれへんのや。

汗腺が無いんで汗をかいて体温を下げることもできんし。そこでね、カバはカバなりに赤いネバネバした液を出して皮膚を保護しているんやでー。昔はこれを見て、カバは血の汗をかくと言われたんやけど、血とは違って強いアルカリ性の赤い体液や。これは皮膚に悪い紫外線をカットするし、悪い細菌も殺すので、少々怪我をしても化膿しーひん。凄いやろー」

「ありがとうございました」

みんな丁寧にお礼を言います。

次に大人の女の方からちょっと恥ずかしそうに小声で
「カバがウンチを飛ばすって書いてありますけど本当ですか？」

来園のお客さんの多くはほとんど小難しい説明看板の字を読んでくれません。ところが、〝ウンチ〟には興味があるようで、特に僕は〝ウンチ〟と〝気をつけて〟の部分を赤く書いているので、目に止まったのでしょう。

「はい、オスの方ですけどね。これを〝まき糞〟といいます。掃除が大変なんですよ。オスの部屋はいつも部屋中ババだらけです。大体オスの部屋は、ライオンにしろキリンにしろ汚いのですが、カバは特別汚いですねー。

ナルオは柵や壁に尻をつけてじっと立ち止まると、間もなく「ビチビチビチ」っと柔らかいウンチをします。同時に尿も出てきてそれをブレンドします。そして、しゃもじのような尾っぽで「パタパタパタ！」っと左右に振ります。ウンチは四方八方、天空に4〜5メートルは飛ぶでしょうか。

夕方、運動場から室内に入れる時、いつもここの境扉で一度立ち止まってまき糞をしますので、ご覧になりたい方はどうぞ。運がつくかも知れませんよ」

お客さんはしかめっ面しながらも笑っています。

野生でもオス同士の闘いや威嚇の時には、必ず〝まき糞〟をするようで、また、餌場でもカバの通り道には道しるべとなるのか、〝まき糞〟をして臭い付けをしているようです。

「ほかにありませんか?」というと、

「カバは何年くらい生きるんですか?」と、母親に促されて、子どもが質問をしてきました。

「カバは長生きするよー。40~50年は生きるかな。ツグミのお母さんは41歳で亡くなったけど、世界では54歳7カ月が最高やねー。

ちなみに日本の動物園ではデカというメスがいます。石川県にある、石川動物園です。おっちゃんは行って会ってきたけど、よく馴れていてさわらせてもらいました。舌や皮膚はカチカチで固かったけど、太っていて元気やったんでまだまだ長生きすると思うなー。カバは丈夫なのでめったに死にませんが、昔、京都では1959(昭和34)年、お客さんの投げたスポンジボールを飲んで死んだカバがいます。ツグミのおじいさんに当たるカバです。

そしてナルオが産まれた王子動物園でも、同じようにお客さんが投げた針金や竹串を飲んで父親が死に、しかもその子どもにあたるカバもボールを飲んで亡くなったんです。本当に悲しいことですねー。

最近はマナーが良くなり、酔っ払い客も見られないので嬉しく思っていますが、どうか物など投げないでくださいね。

えー、そろそろ時間となりましたので、これでカバのポイントガイドを終わらせていただきます。どうもありがとうございました」というと、多くのお客さんからお礼の言葉と拍手をもらいました。

一番前でずっと釘付けで真剣に聞いていた、4～5歳の女の子が「ツグミちゃん、食べ過ぎたらアカンよー」と心配してくれたり、孫を連れたお婆さんが「うちにはカバはいないけど、バカならおるでな」など、いろんな声が聞けるのもイベントならではのことです。

しかし、最初、「イベントなんてやれば本来の飼育作業が遅れるので困る」「第一、人前で喋るのは性に合わん」という職人肌の飼育係もいて、皆が諸手を挙げて協力するにはいささかの抵抗がありました。

しかし、時代が変えたというか、全国的に動物園は大きく様変りしつつあります。旭山動物園でみられた、改革・成功が大きく影響しています。

お客さんに、動物の本来持っている能力や魅力を間近で見てもらうためのアイデアや工夫、動物に退屈をさせないための遊具の導入など、上からの命令ではなく、飼育係自ら率先して実行する気運が高まってきたのです。

若い女性の飼育係が増えたのも近年の特徴です。さまざまなイベントも、他園でいいものはパクッて実践します。流暢なトークにも時代を感じずにはいられません。

今回初めてカバのポイントガイドをした

朝、室内から屋外プールへ出るナルオ

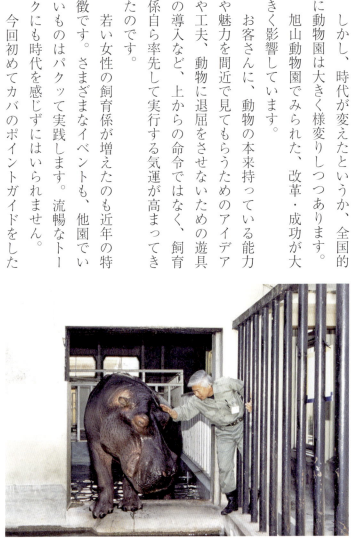

訳ですが、常からツグミとナルオには声をかけて上陸させ、おやつを与え続けたことが良かったかなと思っています。カバは普通水温（40℃（度）に沸かした湯を入れて17度にしている）より暖かい春と秋の天気のいい日は陸に上って日光浴をしますが、それと餌の時間以外はカバはプールの中です。いつもお客さんがカバ舎の前を通る度、「カバはいないねー」という残念そうな声をよく耳にするので、そんな時「ちょっと待っててね」と言ってカバを見せてあげるのです。お客さんは大変感激して喜んで帰られます。

京都のカバのプールの水は疎水の原水をそのまま注入しているので透明ではありま

下あごを撫でると甘えるツグミ

せん。そのうえすぐカバの糞尿で汚れて濁ってしまい、カバの姿は見えないのです。

その点、大阪天王寺動物園は強力な濾過器が6基（6億円）で450トンもの水を1日38回濾過しているので、いつも透明な水の中のカバがガラス越しに観察できます。羨ましい限りですが、それはそれでメンテナンスが大変だそうです。それはともかく、カバと接すれば接するほどよく馴れ可愛いものです。

カバたちは休園日の月曜日に、カバの汗を採りに来られる橋本貴美子先生（カバの汗の研究で有名。当時、京都薬科大学助教授・天然物化学、現在、東京農業大学生命科学部、分子生命化学科教授）にも良く懐いています。こちらがカバに餌を与えて、柵に近づけている間に先生は大胆に身を乗り出して、ティッシュで汗を拭き取るのです。カバも警戒せずにその間、黙々と餌を食べ続けています。先生もツグミやナルオと接している時、とても楽しそうです。

かつて僕はカバの乳を搾ったことがあります。

大先輩の代番をやっていた時のことですが、日動水（財・日本動物園水族館協会）からカバの乳成分についての宿題調査だといって「髙橋君、すまんけど明日わしは休みやから、これ（試験管）にカバの乳搾って獣医に渡しといてんか」と言われました。

カバ（ツグミの母親に当たる）が出産したものの死産だったので乳が張っているということで京都へ依頼がきたのです。

部屋の中央に餌を与え、オス、メス仲良く餌を食べている間に、僕はメスの後からそっと近寄り、太くて短い足のつけ根にある乳に試験管を当てて搾りました。

若さゆえ、怖いもの知らずでその時は何とかやりましたが、今思えば新米の僕に頼んだ津田吉蔵先輩も、当時のカバは攻撃しないという自信があったのでしょう。

それともう一つの思い出は、僕は動物園に入った時、下宿先が見つかるまで動物園の象舎に寝泊りさせてもらっていたのです。作業着などは、一晩で乾くということ

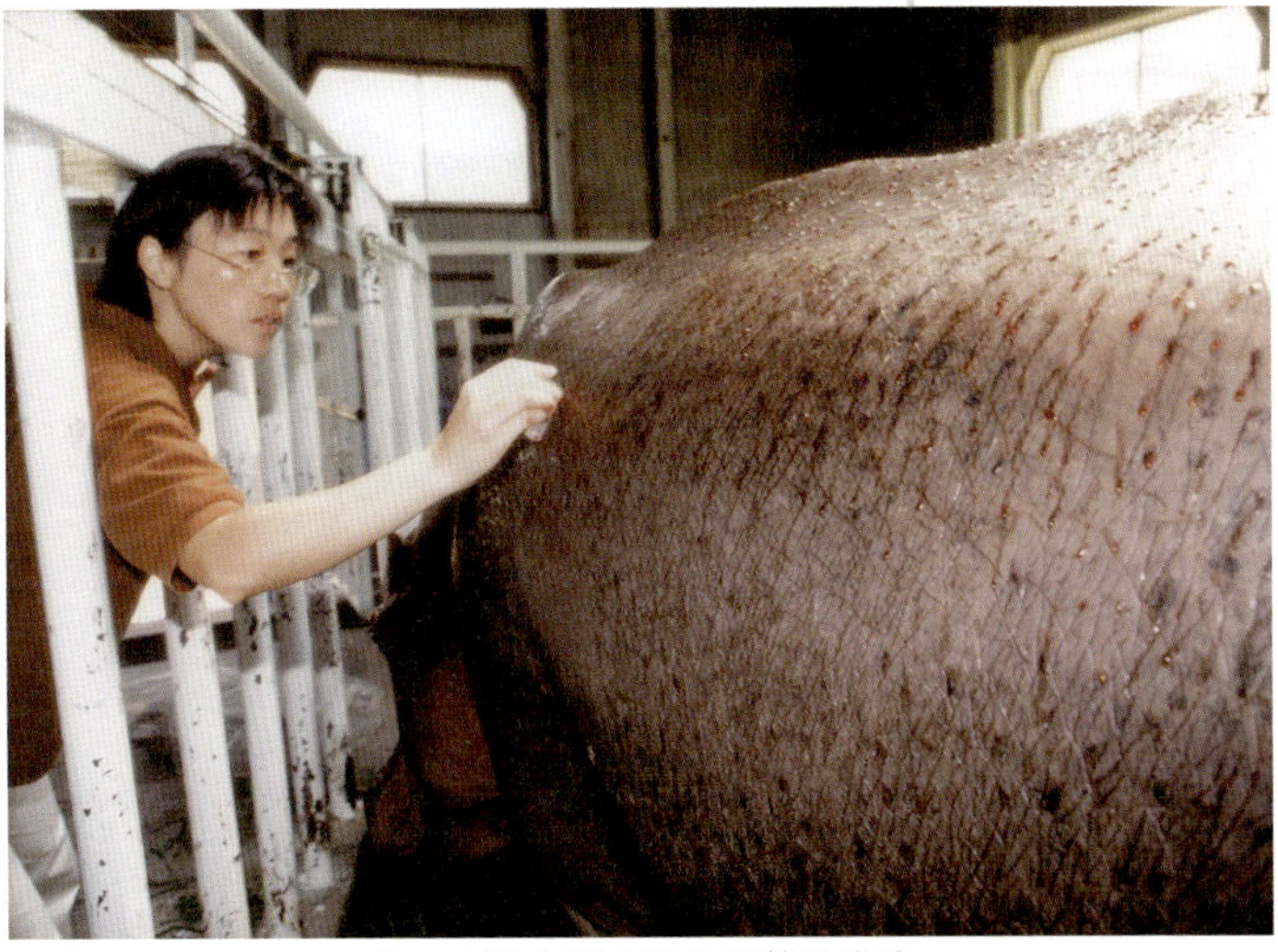

カバの汗を採る橋本貴美子先生

でいつもカバ舎内のタンクの裏に干しました。

その作業着を着て、夕方市場へおかずを買いに行きます。すると、犬がたくさん集まってきて、僕の足元へまとわり付くのです。僕は犬が怖くて大嫌いなので大変困ったものでした。

カバは担当すればするほど好きになる動物です。

ゴリラの名前あれこれ

ゴリラの「マック」という名前は、担当者の猪飼翌夫さんが名付けました。まっ黒だったのでまっ黒「マック」にしたのです。耳に快くひびく名前です。子どもの時はかわいくて、大人になってからはたくましく聞こえる本当に素晴しい名前だと思います。

マックは１９７０（昭和45）年10月29日に産まれたオスのゴリラで、日本の動物園で初めて産まれたゴリラだったので一躍有名になりました。しかし、母親のベベは初めての出産ということもあってか、うまく赤ちゃんを抱かなかったのです。そのため、やむを得ず母親から離して人工で育てられました。

父親のジミーも、虫歯が原因でマックが産まれる40日前に死亡しました。

こんな不幸な境遇のマックではあったのですが、猪飼さんの愛情を一身に受けてスクスク育ち、その名の通り大人になるとさらに美しい漆黒に。顔立ちも申し分のない男前で、背中の銀色

猪飼翌夫さんとマック

が映える見事なシルバーバックに成長したのです。

メスの「ヒロミ」という名前も猪飼さんが名付けました。

ヒロミは1976（昭和51）年5月10日、約3歳半で京都の動物園へやってきました。元々アフリカの野生であったのですが、その後個人宅で飼われていたこともあってよく懐いており、すぐに抱きついてきました。

目と目の間が特に広いところから、猪飼さんは最初「ヒロメ」にしていましたが、「これでは少し気の毒でんな～」ということと、当時人気アイドルであった、郷ひろみ、岩崎宏美、太田裕美の「ひろみ」にあやかって、「ヒロメ」から「ヒロミ」に改名したのです。

猪飼さんは担当する動物おのおのの特徴をつかんで、印象に残るおもしろい名前をつけていました。

チンパンジーの「モリ」は、実は性欲旺盛でタフな「盛」から「モリ」と名付けたとい

マック

うのがその由来。

サル島のサルたちも、「タタキ」はお客さんに手をたたいて食べ物をねだることから。「ダンディ」はおしゃれ。「ナポレオン」は頭の大きいところから……というふうに。

僕が猪飼さんの後を継いでゴリラの本番担当になった時、マックとヒロミの間に赤ちゃんが産まれました。

1982(昭和57)年5月15日のこと、この時も日本初のゴリラ3世誕生ということでビッグニュースとなりました。

公報の関係で上司からすぐに親子の写真と性別の確認依頼が来ました。僕はヒロミ親子の部屋の中に直接入れたので、親子の写真を撮り、翌日には赤ちゃんの性別の「オス」を確認して報告しました。次に「名前を考えて来てほしい」と依頼が来ました。

恒例のこととして受け止め了承はしたものの、同時に責任を感じました。僕には猪飼さんのように命名のセンスがありません。その晩、寝ずに考えました。妻も「赤ちゃんの名前の付け方」という本を買ってきて一緒に考えてくれたのです。

超苦手で嫌いだったのに、今はそのゴリラに夢中になり、繁殖を願い、出産の無事を祈り、そして自然保育に向けての取り組みなど、さまざまなことが駆け巡り、なかなか名前につながらないのです。いい名前にと思えば思うほど浮かびません。「5月15日の葵祭の日に生まれたから、「アオイ」にしようか」「いやアオイは女の名前やな〜」「格好良く英語で『ホリホック』？」「いや長いな〜、2字か3字でないと」……。やはりゴリラのオスは、勇ましい「サム」か、力強い「リキ」がいい。とは思ったものの、「サムは確か外国の動物園にサムソンがいたような、リキもリッキーが栗林公園にいるしな〜」と悩みつつ、「一字ちがいやし、ま、いいか」で「リキ」に決めたのです。

翌日の会議で、僕は「リキ」を提示したところ、「リキは栗林公園にリッキーがいるし、リキと言えば東山動植物園のゴリラ担当者浅井力三氏とだぶってしまう……」と案の定、博識で記録にこだわる滝沢晃夫さんからクレームが来ました。またまた振り出しに。

その時、事務所から連絡が入ったのです。それは、「命名については一般公募に決まった」という内容でした。僕は驚きと同時にドッと疲れが出ました。一体昨夜寝ずに考えたのは何だったのか、そして、公募なら公募になるってなぜ早く言ってくれなかったのかと、腹が立ったのも事実です。

しかし上司には逆らえません。結局、２１８０通の中から１３７通の「京太郎」を選びました。京太郎は3位でしたが、1位の京太はおとぎの国のポニーに、2位の太郎はチンパンジーに同名がいるということで「京太郎」となったのです。

確かに動物園の動物は個人のものではないので仕方がありません。命名についても一般公募が望まれるようになり、その後のゴリラの赤ちゃんは全て一般公募で付けられるようになりました。

僕の後に佐藤元治君がゴリラの本番担当になりました。超が付くほど仕事熱心、観察熱心なのですが、その彼が産まれた子「元気」（１９８６（昭和61）年６月24日生まれ）をオスと見誤り、当時の出版物は全てオスとなってしまったのです。幸い「元気」はメスでも通用したので、そのまま改名することなく助かりましたが、他園でも、白浜アドベンチャーワールドから浜松市動物園へ行った「ダイ」が困ったことになりました。

京太郎 6カ月齢

大きいのでオスと思って付けたのにメスだったのです。そのため、後に「子」を付けて何とか「ダイコ」に改名したのでした。

また、小さくてメスと思った「ショウ」が、実はオスだったのです。

ゴリラのオスのペニスは特別小さいので、分かりにくく、野生の観察記録でも難しいそうです。しかし、赤ちゃんが小便する時など、母親が尿などが自分の体に付くのを嫌って、赤ちゃんの片足を持ち上げることがあります。その時が判別のチャンスとなるのです。

過去には案外同名のゴリラがいて、「ゴンタ」は東山動植物園と姫路市立動物園と別府ラクテンチと旭山動物園に。「リッキー」は栗林公園と東山動植物園に。「ゴン」は札幌市円山動物園と群山レジャーセンターに。メスでは、「メリー」は平川動物公園と札幌市円山動物園に。「ローラ」は八木山動物公園と東武動物公園（別府ラク

ヒロミと元気（子ども）

テンチで産まれた個体）に。改名したものには、先ほどの「ダイコ」のほかに、栗林公園の「フジオ」（1971（昭和46）年2月2日生まれ）は、日本モンキーセンターへ行って「木曽太郎」に。千葉市動物公園の「メリー」は「モモコ」に、「ナイス」は「モンタ」に。とべ動物園の「コケイタ」は「ナナ」に、「ブアナ」は「ゲンタ」に。釧路市動物園の「スナウツ」は「ムサシ」に改名されています。

現在、上野動物園には「ハオコ」と「モモコ」から産まれた「コモモ」と「モモカ」があります。「え～？」、メス同志から赤ちゃんが？」と不思議に思われますが、「ハオコ」はオランダのアッペンドールン動物園生まれでオーストラリアのタロンガ動物園を経て上野動物園へ来た立派なオスなのです。ハオコの名の由来はアッペンドールン動物園でゴリラの研究をし

モモタロウ

ていて30歳の若さで亡くなられたハンス・オットー・コフさんの頭文字からつけられたのですが、日本へ来てもそのままの名を使っているのでややこしいのです。「モモコ」から産まれた子どもは全て「モモ」を使っていて、京都市動物園にいる「モモタロウ」も上野動物園で「モモコ」から産まれた最初の子どもです。その「モモタロウ」と「元気」から産まれた子どもが「ゲンタロウ」（２０１１（平成23）年12月21日生まれ）で、一般公募によって付けられました。

我々人間の場合、タロウ（太郎）は源平時代では長男の代名詞で、明治時代では男の代表的な名前でもありました。現在でも、日本人はどうもタロウが好きなようです。

一方女性には、大正、昭和になって、コ（子）を多く付けられるようになりましたが、ゴリラ

ゲンタロウ

にも日本で付ける場合、メスにはやはり「子」が多い。その中でおもしろいのは、上野動物園にいた「タイコ」でしょう。タイコはまさにその太鼓腹から付けられました。「トヨコ」は１９６９（昭和44）年の10月8日に入園したことにちなんで付けたといいます。

長生きしたゴリラでは、１９５７（昭和32）年11月17日、日本の動物園に初めて来た上野動物園の有名な「ブルブル」がいます。（同じくオスの「ザーク」とメスの「ムブル」も入園）担当者は「ブルブル」とは呼ばず、略して「ブル」と呼んでいました。44歳とオスでは最も長く生き、あのいかつい身体も最晩年は毛が薄くなりやせ細った老人みたいで、昔の面影は失せ、客の見えない部屋で一人暮らしとなり、担当者の黒鳥英俊さんたちの手厚い世話を受けていました。死亡後の解剖では消化器官にはひどい潰瘍があったとのことです。それよりも驚いたことは、右ひざから散弾が出てきたことです。子どもの時、捕獲の際に親たちが撃たれたうちの一発が「ブルブル」に当っていたのでした。

メスでは東山動植物園の「オキ」が長寿です。「オキ」とは一見オスのように聞こえますが、実はメスです。「ゴンタ」や「プッピー」たちと共にゴリラショーをして世界的に有名になったゴリラで、53歳で亡くなりました。もちろん日本一の長寿ではありますが、世界では、アメリカのコロンバス動物園の「コロ」が54歳で最長です。コロは、１

956（昭和31）年、世界で最初に動物園で産まれたメスゴリラでもありました。オスではアメリカのフィラデルフィア動物園の「マッサ」が53歳で最長です。世界でただ1頭の白いゴリラ、「コピート・デ・ニーベ」（英語では「スノーフレイク」＝ひとひらの雪という意味）は、スペインのバルセロナ動物園のゴリラで有名。子どものころに野生で捕獲され、動物園では21頭もの子どもを生ませる繁殖オスでありましたが、その子どもたちの多くは残念ながら死亡しています。「コピート」は40歳を超える長寿でありましたが、皮膚ガンのため、残念ながら安楽死させたと聞いています。

今、ゴリラ界では、海外でも話題の元祖イケメンゴリラ「シャバーニ」（東山動植物園）がいます。顔はともかく、妻の「ネネ」との間に息子「キヨマサ」と、も

ゴリラの赤ちゃん

う1人の若妻「アイ」との間に娘の「アニー」をもうけました。2人の子どもの父親でこれまた優しいイクメンゴリラでもあります。この「シャバーニ」は上野動物園の「ハオコ」の弟なので、よって二人共繁殖に貢献している素晴しいゴリラといえます。

少し人間っぽくなってしまいましたが、いや、ゴリラほどになると、人間と全く同じような錯覚に陥ります。どこの国でも全て名前が付けられていて、名無しでは大変失礼と考えられているのでしょう。最近僕は困ったことに、人に名前を聞いてもすぐに忘れてしまい迷惑をかけているのですが、僕が担当し、つき合ってきたゴリラの名前だけは、絶対に忘れることはありません。

ジミー、べべ、マック、ジョニー、ミッチー、ヒロミ、京太郎、元気、康子、トヨコ、サルタン、健太たちです。

ゴリラを絶滅の危機に追いやった原因の一つに、動物園が、競ってゴリラを野生から捕獲したことも考えられます。

かつて、野生からゴリラの赤ちゃんを1頭捕獲するために、その両親、および兄弟までが銃殺され犠牲になったといいます。しかも、その赤ちゃんたちのうち生き残って動物園へ来るのは、10頭中わずか1頭とも聞きました。

人間の勝手なおこないによって、ゴリラたちには悲しい気の毒な歴史があるのです。現在、飼育下の6割は動物園生まれになっているそうですが、一方、野生では今もなお密猟や内戦、そして開発による自然破壊がすすみ、ゴリラの生息環境は悪化しています。人間が持ち込んだ病原菌も問題です。

ゴリラが地球上からいなくならないように、今、世界の動物園ではゴリラを守ろうと、全力をあげて生息地の保護や、動物園間での繁殖に向けた取り組みがすすめられています。

そして、飼育下のゴリラは全ての個体に国内および国際登録番号をつけてきっちりと管理されています。そして、それぞれ思いが込められた愛称が付いているのです。

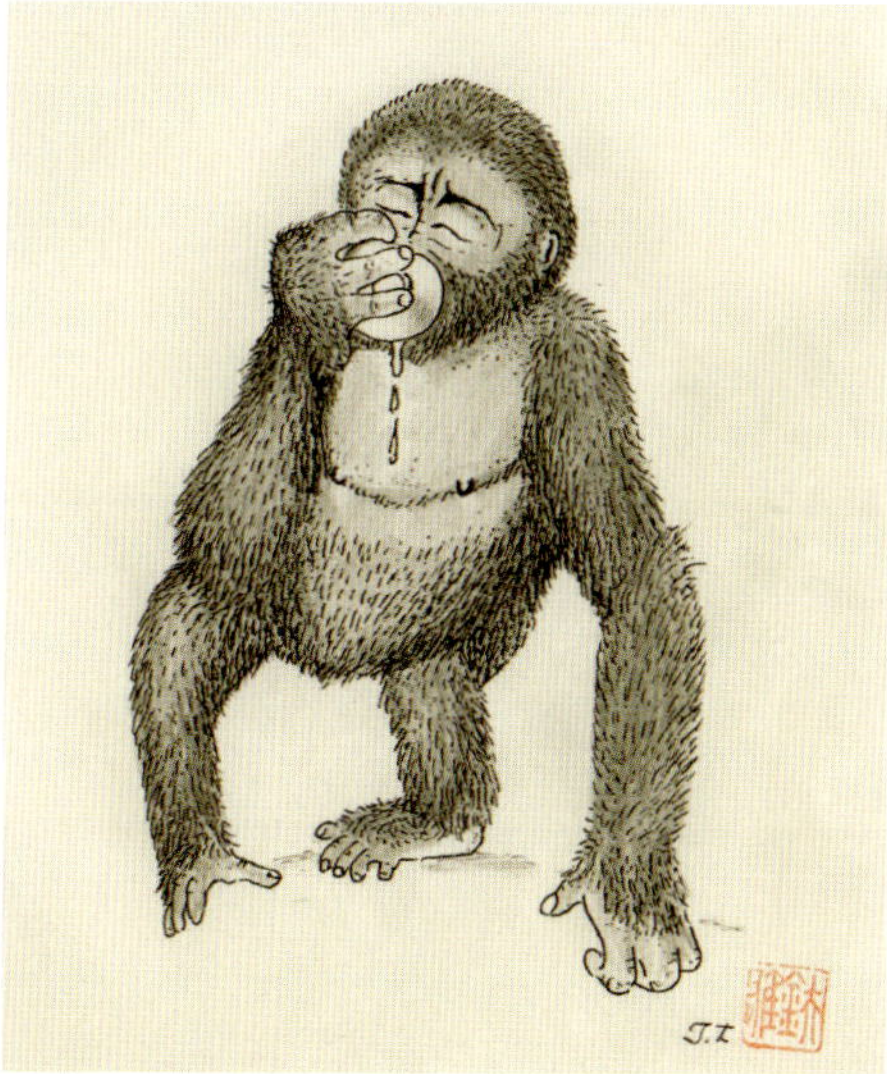

「森の人」オランウータンを担当して

ゴロー君脱出

「ゴロー!出たらあかん!」

僕がオランウータンの室内から外へ出ようとした時です。ゴローが急に出口までやってきて、扉と僕の隙間から強引に僕より先に外に出ようとしたのです。

僕は慌ててゴローの肩を背後から掴《つか》んで必死に止めたものの、6歳半になったオスのオランウータンの力は思ったより強くて、制止できないまま外へ出られてしまったのです。

キーパー通路へ出たゴローは、その後一目散に西へ向かいました。ゴリラ室の前を通り、カーブを道なりに横切って、チンパンジー室の奥にある係員西出入口まで行ったのです。そして、そこへでんと座り込み、一歩も動こうとしません。

その日は猪飼翌夫先輩が休みで、僕の担当だったのです。

なぜ僕がゴローの室内へ入ったかというと、ゴローにとっては最愛の妻であったナナが亡くなり、一人きりになっていたからです。ゴローもナナも原因不明のひどい下痢となり、昨年の夏バテに続いて2度目のことだったのです。ゴローの方は治ったのですがナナの方は治らず獣医室へ運んだものの回復しないまま1971（昭和46）年4月27日、死亡してしまいました。

僕にはゴローがナナの亡くなったことを知らず、そのうち必ず帰ってくるものだと信じて、ひたすら待っているかのように見えました。

室内でほとんど動かず一人ポツンとしているゴロー。

そんな中、毎週日曜日に必ず類人猿舎に若くて美しい一人の女性のお客さんが訪れるようになったのです。

最初、もしや僕に気があるのかなあと思ったのですが、実はゴローの大ファンだったのです。

脱出するゴロー

そしてある日のこと、僕が類人猿舎から出ると、彼女は待っていて、「これをゴローちゃんにあげてください」と言って、にぬき（ゆで卵）とバナナが入った紙袋を渡すのです。その中には「ゴローちゃん、元気出してネ」というメモが入っていました。

心配してくれるファンがいることは有難いことで、それだけ僕ら担当者にとっても仕事に責任と張り合いが出るというものです。

代番とはいえ僕としても、悄然《しょうぜん》としているゴローを見るに忍びない気持ちから、中に入って一緒に遊んでやっていたのです。

少しでもゴローの気が紛れるかなと思って。ところがその後脱出したのです。

脱出したゴローがなぜ西へ向かったか、間もなく分かりました。

病気のナナを皆で運ぶのを、ゴローはシュート（室内から運動場へ通じる柵の通路）から見ていたのです。その時、西出口から運び出したので、ゴローにしてみれば西の方へ行けばきっとナナに会える、そう思ったに違いありません。

テコでも動かないゴロー。

困った僕は技術事務所へ報告して、獣医さんに来てもらいました。

状況を見るなり、決断の早い滝沢晃夫さんは「網では無理だ、発煙筒を使おう」と言いました。発煙筒を焚いてゴローを怖がらせて室内へ戻そうというのです。

そこまでは……と思った僕は、惻隠《そくいん》の情から「ちょっと待ってください、一応牛乳で誘ってみます」と言って、すぐに牛乳2本を持って運動場へ。

そこから見えない奥のゴローに僕は聞こえるような大きな声で、「ナナちゃーん!、ナナちゃーん!、はいナナちゃん牛乳やでー。はい、よーし!」と言って、いつものように牛乳瓶をチンチンと鳴らしました。

するとそれを聞きつけたゴローは、何とすぐにトコトコとこちらにやって来たのです。

つまりあたかもナナがいるかのように僕が騙《だま》した訳ですが、それにゴローがまんまと引っかかったのです。そして僕のいる運動場へ入って来ました。

そこで扉を閉めてもらい、僕はゴローに牛乳を飲ませると、素早くシュートを通って室内からキーパー通路へ出たのです。

作戦は成功し、ゴローに発煙筒や麻酔銃を使うことなく無事収容できました。

しかし賢い類人猿には、もう同じ騙しの手は使えません。

僕はゴローを騙し悪いことをしました。信頼関係が崩れたかも知れません。それと同時に、ゴローを制止できなかったことを考えると、オスは危険も伴ってくるので、これを機に入室は断念することにしました。

ゴローとナナは類人猿舎の完成に合わせて、1969（昭和44）年10月16日、動物商を経て一緒に来園したのです。

共に5歳位のまだ幼さが残るかわいいおとなしいオランウータンでした。人懐っこかったので中に入ることができ、猪飼先輩の休みの日に、同僚たちを入れて楽しく遊んだものです。

荒っぽいゴリラや、気が急変してヒステリーになるチンパンジーと違って、オランウータンは物静かでおとなしいので、僕は3種のうちでは一番好きです。特にメスのナナは可愛い。ゆっくりすり寄って来てはくっついて離れず、じっと見つめてくるのです。瞬きもスローで、下を向いた時、白っぽい上瞼がたまらなく可愛いのです。

オスのゴローはさすがに力が強く、レスリングが好きでした。ゴリラやチンパンジーと違ってオランウータンは足が全く手と同じ働きをするのです。4本の手があると思っていいでしょう。組みつかれたら離すのが大変で、手を外せば足が、足をはずせば手がという風に分離には誰かの助けが必要でした。

ゴローを脱出させてしまって改めて、ゴローがナナを思う気持ちの強さと絆を知ったのですが、オランウータンの野生のオスは普通、交尾期以外は単独生活で、何年も孤独に耐えうる強靭な精神力を持っているとのことです。僕はゴローがノイローゼにならないかと心配してあえて中に入って遊んでやりましたが、もしかして取り越し苦労だったかも知れません。一人ぼっちになったゴローには、夕方運動場から室内へなかなか戻らずゴテられました。

さらに運動場のプール内にある電柵を壊すのにも困りました。

類人猿は泳げないので、プールに落ちても溺れないように、動物側の岸は1メートルの巾を70センチと浅くしています。しかも水に入らないように電流を通した柵があるのです。ゴローは水も電気も平気でプールの中に入り、怪力で電柵を引き抜くのです。

その都度、電気屋さんを呼んで修理してもらったのですが、「今度は大丈夫でっしゃろ」と帰った翌日には再び壊されました。ゴローにはお手上げです。それで電柵は結局取り除くことにしました。

ルビー来園、そして出産

そうした中、嬉しいことにゴローの嫁さんとして約1歳年上のメスがやって来ました。1971（昭和46）年11月10日のことで、ナナが亡くなって半年後のことです。顔はナナの方が整っていましたが、性格はナナと同じくおとなしかったので僕たちは安心して入室ができました。鼻の上に小さな瘤《こぶ》があるので、猪飼さんは瘤鼻→ルビ→ルビーと名付けたのです。

隣室のゴローは瘤なんか何のその、ルビーに一目惚れ。扉の隙間やスパイホール（20センチ角ののぞき窓）に顔をペターとくっつけ必死に眺めたまま離れようとしません。

その後、格子越しの見合いを2週間させた後、同居と相成ったのです。

待ってましたとばかりゴローはルビーに急いで駆け寄り、すぐに捕まえると、後に回り後足でルビーの太股をしっかり掴んで、陰部を点検した後、交尾姿勢を取りました。そのうち、ゴローの強引さと執拗さにルビーが困惑し始めたので、猪飼さんは同居を中断させるために水をかけて離しました。

他園ではもっともっと精力のあり余ったオスがいて、交尾後もメスを1カ月間も解放しなかったといいます。さすがにメスがオスを怖がって食欲不振となり、衰弱が見られたため止むを得ず、オスに麻酔をかけて分離したそうです。

ゴローとルビーの間はそこまでの大きなトラブルにはならなかったので、2カ月後には終日同居させることにしました。

ルビーと同居してからは、ゴローはルビーにぴったりくっついて移動するため、室間の移動と運動場への出し入れがウソのように早くでき、その分仕事がはかどるので大変助かりました。

ルビーが妊娠したことが判ると、出産予定日から約2カ月前に再びゴローを別室に分けました。オランウータンは常に赤ちゃんをメスだけで育てるためです。もし、出産時何かがあって、こちらが中に入らねばならない時、オスが一緒だと入れないからです。

妊娠期間は約260日前後、人間より2カ月短かい8カ月半で赤ちゃんは産まれます。

1975（昭和50）年11月27日、ついに赤ちゃんが無事産まれました。

これで京都市動物園は、類人猿4種全て繁殖したことになり、我が国初の快挙となったのです。そして、その本番担当が全て猪飼さんだったのです。

今回オランウータンの出産でさらに嬉しかったことは、母親ルビーが非常に落ち着いていて、赤ちゃんをしっかり正しく抱いて乳を飲ませるという自然哺育だったことです。シロテナガザル（1962（昭和37）年5月8日生まれ・オス）の場合、母親が乳を飲ませず。チンパンジー（1964（昭和39）年12月16日生まれ・メス）の場合、1カ月後に母親が育児放棄。ゴリラ（1970（昭和45）年10月29日生まれ・オス）の場合、母親が赤ちゃんを適切に抱かないなどの理由で人工哺育になったのです。

オランウータンの赤ちゃんは、生まれた時から顔形がゴリラやチンパンジーの赤ちゃんに比べて、しっかり整っているので可愛さも格別です。

赤ちゃんはメスで、全身茶色いところから、猪飼さんは「チャコ」と名付けました。チャコはお母さんの桃の種ほどある大きな乳首をほおばり、懸命に乳を飲みます。ところが、哺乳が済んだ後も「ピー、ピー」と泣いてまだ乳を欲しがるのです。あんなに大きな乳をしているルビーの乳の出が悪いとはとても考えられないのです。しかし、どうも不足気味にしか思えません。

そこで4日目から、猪飼さんは中へ入って、チャコにドライミルクを人間用哺乳瓶で飲ませることにしました。つまり介添補充哺乳です。

チャコはドライミルクの方も問題なく飲んでくれました。もちろん、ルビーにも毎日ドライミルクを与えているのですが、もっと飲みたかったのか、チャコが飲んでいるとその哺乳瓶の乳首を指でピッとはね上げじゃまをしたのです。猪飼さんは「ルビーちゃん、あんたは何をすんの」と言って怒ると、ルビーは不満気にペッと小さく唾を猪飼さんにかけたのです。僕はおかしくて思わず笑ってしまいました。

一応介添哺乳のやり方を見たので、僕は猪飼さんに「猪飼さんが休みの日、僕もやりましょうか」と言うと、猪飼さんは「おおきに、やれたらやってくださいな。せやけど無理せんといてや」と言われました。

ルビーは僕に対しても嫌っている様子は無かったので、猪飼さんと全く同じように介添哺乳という大切な手助けが楽しく体験できました。こう

ルビー親子の部屋の中へ介添哺乳に入る

してチャコは、母乳とドライミルクでスクスクと育ったのです。

ルビーちゃん脱出

ある日の昼休みのことです。

技術係長の西山克さんがあわてて詰所へ入って来て、「えらいこっちゃ、ゴリラがチンパンジーの中へ入って水のかけ合いをしてるでー」と知らせてくれたのです。

「え！そんなはずは……」今日は猪飼さんの出勤の日です。しかし、昼食時はいつも自宅（動物園から近い）へ帰っています。僕が類人猿舎へ行くと、園からの知らせで間もなく猪飼さんが駆けつけて来ました。一緒にキーパー通路へ入りました。すると、オランウータンの部屋には、おるはずの親子がおらんのです。

そしてゴリラ室の前は足の踏み場もないくらい、ミルク缶が散乱、棚ごと倒されていました。そのうえ、僕が挿し木して大事に育てていた数鉢のゴムの木が全部引き抜かれているのです。

犯人はルビーでした。チンパンジー室の前でチャコちゃんを片手に抱いて、何食わぬ顔で立っていました。

さらに、べべ（ゴリラ）がチンパンジーの運動場へ出たのもすぐに分かりました。ルビーが扉を開けたからです。べべが入っている部屋は、チンパンジーの予備室なのですが、シュートへもいけるようにしていました。そのシュートと屋外運動場の仕切扉は、フックとさし棒で止めて開かないようにしています。それをルビーが外して開けたのです。毎日その操作をする僕たちの作業をルビーはちゃんと見て覚えていたのです。

ゴリラ室（マックとヒロミ）のシュートも全て開けていましたが、なぜかゴローのところだけは触っておらず、ホッとしました。

ルビーは猪飼さんに手を引かれ、素直に室内に戻りました。そしてべべもすぐに自分の部屋へ入ってきました。

チンパンジーもべべも双方全く無傷で、水をかけ合っただけで水入りとは、さすが高等類人猿、賢い動物は違うなあと感心したものです。

ルビーも今日、初めてキーパー通路を楽しく散策することができて、少しは日頃たまった育児ストレスへの解消になったかなと思いました。

ルビーが脱柵したのは、猪飼さんが多分、介添哺乳が終わり一旦外に出たものの、もう一度入ろうとして空錠にしていたか、あるいは閉めたものの施錠が緩んでいたか、いずれにしてもそれを見逃さないオランウータンの賢さと器用さに驚きました。後でも述べますがそのほかまだまだあります。

ホップちゃん誕生――そして介添哺乳

オランウータンの赤ちゃんの成長は、ニホンザルたちとは違って実にゆっくりで人間並みです。1歳位までは母親の胸に抱かれています。野生での記録によると、6～7年あるいは8～9年、その間母親が一人で大事に世話をします。しかし動物園では人為的に赤ちゃんを早い時期に離して、次の繁殖に向けて両親を同居させるのです。その分出産間隔も短くなります。3年などといわれるのはそのためなのです。

僕が猪飼さんの後を継いで類人猿の本番担当になった時、ルビーにもう一度赤ちゃんをという夢がありました。まだ3歳半のチャコにはかわいそうだったのですが、ルビーとゴローを同居させるためにチャコを別室に分けました。

一人になったチャコは、自分だけでは怖くて運動場へ出ることができません。

チャコは運動場へ出る時、1歳までは母親に抱かれ、1歳を過ぎてからは母親の背中に乗って、3歳位になってようやく母親の腕にしがみついて、やっとこさ歩いて出るといった具合で、入室するときも全く同じでした。

まだまだ母親べったりの年齢だったのです。それで僕が母親代りになって、運動場への出入りを手伝う必要がありました。

午後、ほかの仕事や雑用でチャコを入れに行くのが遅くなると、チャコはポールを伝ってすぐ下に降りて来て、逆に僕の手を引っ張って「早く、早く、」というように室内へ急ぐのです。

「ごめん、ごめんチャコちゃん」と言って僕も急ぎます。

この時の冷たく、細長い指の手に僕は人間よりずっと可愛い何ともいえない心地のいい感触を覚えたのでした。

手を引っぱって入室をせかすチャコ

ルビーと一緒になったゴローはさっそく交尾を迫ります。執拗な交尾は長時間に及ぶので、その熱心なゴローに反してルビーの方は、交尾されながらもその間、ちゃっかり餌を食べることがありました。

床面で茶色い固まりが2つ、何時間も一体何をしているのだろうと思って、お客さんが沢山集まって来ます。

そんな時、僕はあえて電灯を消したことがありました。刺激が強すぎる気がしたからです。

このころになると交尾中柵越しに近づくと、ゴローは僕にも怒ってくるようになりました。ゴローにとっては僕が恋敵となっているようです。

朝一、握手をするのですが、ゴローに握られたら離さないので、僕は必ずゴローの手の甲の方を上から握るように気をつけました。何しろオランウータンの握力は強く、300キログラムともいわれています。

そして新しく僕の代番になった佐藤元治君には、もしゴローが脱出した時は何をさておき、とにかく「逃げてくれ」と言いました。

オランウータンは、性的二型といってオスとメスでは大きく差があって、体重ではオスはメスの倍ほどになります。野生ではオスは80キロほどですが、動物園ではどうしても糖質の摂り過ぎ（観客の投餌も含む）と動かない性格のため、200キロ以上になることがあり、モンキーセンターのオスは220キロもあったそうです。

因《ちな》みに、ルビーはメスでしたが腹の周囲は、なんと、167センチもありました。

オスは体が大きくなるにつれ顎髭と体毛が長くなり、両腕をひろげるとその迫力に、お客さんは思わず後退《あとずさ》りをします。

さらにオスは大人になると強い証として、頭部がこんもり盛り上がり、顔の両側に肉ひだというか、肉垂れが張り出してきます。

これをフランジと呼び、その中に脂肪とコラーゲンが入っていて、触ると意外と柔らかくプヨプヨしています。一見、火星人?を思わせる頭でっ

ゴロー15歳

かちのグロテスクな顔へと変貌するのです。

但し、精神的な面から20歳位になっても、フランジの出ない個体もあるそうです。

ゴローの場合、11歳から出始め、14歳ではかなり立派なものになりました。まだまだ大きくなるようです。

それと喉袋も大きく垂れ下がってきました。大人のオスはロングコールといって、大きく太い「ゴロゴロゴロ……、ホーウ、ホーウ、ホーウ……」という尻下がりに早くなる低い声を発します。その際、喉袋によってより遠くまで轟かすことができるのです。野生では3〜4キロ先まで届くとか。そのロングコールは、発情したメスを誘ったり、大人のオスに対しては互いの居場所を表わす牽制になったりするそうです。

夜間、ゴローのこのロングコールを聞くと何かとても不気味な感じがします。

ルビーにはゴローとの交尾の結果、やがて妊娠が判明しました。もちろん尿検査でプラスと出たのですが、ルビーの場合、妊娠すると陰部の一部に小さな水膨《みずぶく》れができるのも特徴です。これによっても妊娠していることが分かりました。出産予定の約2カ月前にはゴローを別居させ、ルビーをチャコと同居させて、出産させることにしました。

1980（昭和55）年8月31日、赤ちゃんは無事生まれました。オスでした。面白いことに足の親指だけ爪が無いのです。オランウータンには稀に爪がない個体がみられます。

ルビーは今回も赤ちゃんを右手でしっかりと抱き、落ち着いて乳を飲ませました。顔はチャコよりも可愛いと感じたのは、本番担当の欲目か、いやそれにしても理屈抜きに可愛い。

今回の命名は僕がしました。

悩みましたが、とにかく元気に育ってほしい、そして次の子もまた産まれてほしいので、ホップ、ステップ、ジャンプの「ホップ」にしたのです。「ビールに付ける名前みたいやなあ」などクレームもありましたが、呼びやすく可愛いのでこれに決まりました。

順調な自然哺育だったのですが、何と今回のホップもチャコとの時と同じように、哺乳の後まだ欲しそうに「ピー、ピー」泣くのです。仕方なく、また今回も介添哺乳で補充することにしたのです。

ルビーの大きな乳は全く見かけ倒しで、乳房の大きさと、母乳の分泌量は関係が無いように思いました。

ホップは少々の物音にも動じず乳を飲みました。前回のチャコは、ボイラーの人がキーパー通路に入室するドアの音がするたび、ドキッとして哺乳を中止したため、僕は今回あらかじめ早いうちからラジオを聞かせて音に馴らしていました。どうやらその効果があったように思います。赤ちゃんは視覚（約1カ月）に比べて聴覚の方が早く発達するようで、2週間もすれば音に反応しました。

ある日、ホップが哺乳に少し時間がかかってしまい、ミルクが冷めてしまったので、それを温め直しに少しの間調理室へ行っていた時のことでした。

後方に誰かが来た気配がしたので、ふと振り返ると、ルビーがホップを抱いて立っていたのです。「びっくりしたなーもー。ルビーちゃんか！すまん、すまん」と謝って僕はすぐにルビーの手を引いて室内へ戻り、再哺乳をしたのでした。

少しの間だからと僕が不精して、カンヌキは閉めたものの錠を開けたまま出室していたのです。

くすぐると喜ぶホップ

それからは僕が掃除中扉を開けて一旦外へ出て、しばらく戻らなくても、ルビーは二度と外に出ませんでした。その場面を初めて見た職員は、考えられない光景に大いに驚いたようです。僕にとってもはやルビーとは安心安全な堅い信頼で結ばれていたので、この時の僕は飼育係冥利に尽きる毎日でもありました。

ルビーは僕の掃除の仕方さえ見て覚え、ホースを貸すと僕と同じようにちゃんとゴミを排水口へ流したりコロコロの糞は手で掴んで上手にポイッとキーパー通路へ放り出すのでした。

娘のチャコはというとホースの使い方がまだ下手で、振り回すばかりです。お陰で

ホップも介添哺乳で育てる

僕もルビー親子も水でびしょ濡れになったことがあります。

　僕とルビーがあまりにもホップちゃんばかり可愛がっていると、チャコが焼きもちを焼き、指でホップを突っつくのです。思わず「これ！チャコちゃん！」、僕はルビーと一緒に怒ったのですが、チャコは「ヒー！」と泣いてバターと仰向いてしばらく拗ねていました。

　ルビーの器用さは唇にもありました。ホップのまつ毛に付着している目ヤニを唇の先で上手に全て取り除いたのです。そのほか、指先の器用さにも驚きました。

　園内で松食い虫で枯れた松の大木が手に入ったのです。オランウータンの運動場

ルビー親子と筆者

は、ゴリラやチンパンジーと全く同じ構造のコンクリートの床面に太い鉄柱が3本、それにコンクリートの皿状が2個あるだけで遊具はなにもありません。チンパンジーやゴリラたちと違って歩いたり走ることを苦手とするオランウータンにとって、得意としているブラキエーション（枝渡り）のできない構造の運動場では、全く運動場とは名ばかりなのです。

それで少しでも遊具になればと思って、松の木を入れました。運動場は無柵式なので、もしオランウータンが松の木を転がしてプールへ入れ、それを橋にして園内へ出たら大変です。そこで固定用のクサリが入荷するまでの間、ロープで固定したのです。

その作業をルビーたちは興味津々じっと眺めていました。

ほかの仕事を終え、様子を見に戻ると、何とロープは全て見事にほどかれていたのです。

僕はすぐに今度は絶対にと思われるほど何重にも強く縛りつけました。それもルビーにいとも簡単に解かれて、また、また、その器用さに脱帽せざるを得ませんでした。

僕はルビー親子の部屋の中に入るのが楽しくて、時間がある時はいつも入りました。

ある日、樫の葉とレーズンを土産に持って運動場の皿の上で一緒に遊んでいました。

チャコはレーズンをとても楽しみにしています。ルビーは僕に肩を揉んでもらうのが好きでした。樫の葉を与えるとルビーはそれを一部頭の上に乗せるのです。餌を食べる時も白菜を一部乗せて食べることがありました。おもしろいことをするなあと不思議に思っていたのですが、これはどうも彼女の故郷・熱帯雨林のボルネオでは雨がよく降るので、それをしのぐ名残りかなと思われました。

ある日、暖かい秋の陽差しの中で、群青の空を見ていて、つい僕はそこでうつらうつら眠ってしまったのです。皿の中は凹みになっていて、そこで仰向けになるとお客さんからは見えません。

どれ位経ったのか、ハッと気がついて起き上がると一面真っ暗です。一瞬夜かと思いました。

原因は、太陽をまともに受けて寝ていたので、目を開けた時しばらく何も見えない現象に夜だと錯覚したのでした。

そして同時に「ワッ」という声が耳に入って来ました。お客さんの声です。

お客さんにしてみれば、オランウータンの入っている皿の上から突然人間がムクッと現れたのですから、驚くのも当然です。そしてやがて笑い声に変わりました。

僕が眠っている間、ルビーたちは僕をそのまま静かに寝かせてくれていたのです。

しかし、おとなしいメスだからといって安心して誰でも一緒に入れるという訳ではありません。2例を紹介しますと、ボイラーマンの塩尻豊さん（以前子象を担当したことがある）が、いつも僕とルビー親子の仲を羨ましそうに見ているので、ある日僕はつい、「おいで～な、入って来てもかまへんでー」と言ったのです。嬉しそうに塩尻さんが扉を開けて入って来た時です。ルビーの表情が一変したかと思うと毛を逆立てて塩尻さんに向かって行ったのです。僕は慌ててルビーを止め、塩尻さんに「早よ出て！」と言って戻ってもらいました。

ルビーにとっては赤ちゃんがいたから、強い母性本能がそうしたのか、それとも塩尻さんという人間をまだ信用していなかったからなのでしょうか。優しくて動物大好きの塩尻さんとルビーに申し訳ないことをしてしまいました。

それと随分前1961（昭和36）年のことですが、上野動物園では日本で初めてオランウータンが生まれたのです。そのころ、動物園協会のカメラマンでもあった大高成元さんが、撮影をしていた時のことです。

飼育担当の山崎太三さんが餌を取りに調理場へ行ったその隙に、母親のモリーは赤ちゃん片手に、もう一方の手で大高さんの首を締めたのです。凄い力に声も出ず、バタバタしているところへ運良く山崎さんが戻って来たために、危機一髪、難を逃れたということでした。

僕はオランウータンを担当して、代番含めると約15年。いろいろありましたが僕はその中でルビーと特に親しくなれたためか、チンパンジーやゴリラたちよりも、気持ちや感情、そして信頼の面でより人間同士といっていい位の関係を築くことができました。

ルビーにはもっと赤ちゃんが産まれてほしい、そしてほかの動物園ではどのように飼育されているのか、また、ボルネオヤス

ルビー（左）、ゴロー（右）

マトラでの野生の生息状況はどうなのかなど、興味はまだまだ尽きない中、やがて担当替えがあり僕は類人猿舎を離れることになりました。

これからもルビーたちにはずっと健康で、担当者に愛され、幸せに暮らしてほしい、ただただそう願って別れました。

タヌキ

——人工哺育になったフジ（不死）ちゃん

「くっさー！」最初の一人の子が言うと、次から次と「くっさー！」「くっさー！」と一斉に連呼。

小獣舎のタヌキの部屋を掃除していると、遠足でやって来た小学校一年か二年のヤンチャな子どもたちの黄色い喚声と歓声。

「お前のウンチの方がもっと臭いわ！」と怒鳴ってやりたくなりますが、それでは大人気がありません。黙って掃除を続けている僕に、「おっちゃん、どこから入ったの？」と、例によっていつもの質問が。さらに、「おっちゃん、何しとんの？」ときます。「掃除！見てわからんかー！」と言うと、「何で掃除するの？」と続く。「汚いから掃除するのや！」と応えると、「どうして？」とさらに質問攻めに遭います。挙句の果てに僕は、「どうしてもや！」と答えにならない返答で逃れて次のキツネの部屋へ。

知的好奇心旺盛な子どもたちに対して、忙しいと、ついこんな会話になってしまって申し訳ないと思っています。午前中はとにかく忙しい。小獣舎が終われば、カモシカ舎、メンヨウ舎、走鳥類舎、そして代番に類人猿舎かカバ舎があるのです。

それにしても子どもたちが言うように、小獣舎は臭い。どこの動物園に行っても確かに臭いです。その中でも僕は特にカニクイアライグマの糞尿が一番きつかったように思います。そのため、月に一度、夏なら二度、休園日の月曜日にカルキ（次亜塩素酸カルシウム）洗いをして漂白と臭い消しをします。

肉食獣の糞が草食獣に比べて臭いのは、餌の蛋白質《たんぱく》や脂肪が分解されてできるアンモニアや硫化水素、インドール、メルカプタンなどが悪臭の原因のようです。

人間にとっての悪臭も、不思議なことに毎日接しているとそう気にならなくなります。ちょうど僕たちが他人のオナラの臭いを非常に嫌うのに対して、自分のオナラや便の臭いならあまり違和感を感じないのと似ています。

１９２８（昭和３）年に建てられた小獣舎は、屋根付鉄柵、床面コンクリートの12室からなる長屋。僕は１９６９（昭和44）年の11月に初めてここを担当しました。小獣舎とはいえ、ニホンザルやタヌキのほか、シマハイエナや、夏にはミシシッピーワニを温暖室から移動して入れていました。戦後、かつて動物園芸の花形スターであったというニホンザルの「花子」も４頭の家族となって入っていました。僕が入園時にいたアルビノのシロタヌキ（メス）は、既に死亡していませんでした。このシロタヌキは１９６２（昭和37）年12月20日、綾部市下河原町で捕獲されたもので、珍しいこともあって３０００円で購入したと記録されています。

狭いながらも各室には産室が備わっていました。タヌキは怖がりでしたが、夫婦で入っていたので繁殖をさせるために産室にはワラを敷き、鉄板扉を3分の2ほど閉めて暗くしておきました。

翌年の5月、メスは時々産室に入るようになり、そのうち出なくなったのです。まさかと思いましたが、産室から「キュウ、キュウ」という声がしてきます。

タヌキの出産については、これまで無かったのか、先輩たちに聞いても誰も知りません。その記録も見当たらないのです。特に珍しい動物でないためあえて記録をしていないのか、それとも本当にこれまで繁殖が無かったのかは分かりません。親が神経質なので、とにかく僕はすぐに裏側にある産室の外扉に「タヌキ出産、静かに！」と書いて、タヌキの近くを歩く時にはできるだけ大きな音を立てないようにお願いしました。小獣舎の裏が僕たちの詰所でその間が通路となっているのです。そして僕は僕で3日間タヌキの部屋へ入らず掃除も一切せず、餌だけを外から投げ入れてすぐに扉を閉めることにしました。従って、観察は観客側から離れて行なったのです。餌はオスが全て産室へ運び込んでいました。メスが産室から出た時は、必ず入れ替わってオスが産室の中へ入っていました。その間、メスに代わって赤ちゃんを見守っていたものと思われます。

　およそ2週間経ってやっと赤ちゃんは巣穴から顔を出し、1カ月で産室から出るようになりました。ゾロゾロと計7頭。まだ顔にはタヌキ模様がないので、熊の赤ちゃんみたいです。親が大変怖がりなので、赤ちゃんも同じように僕が近づくと、皆必死に逃げて隅へ重なり合って固まってしまいます。

　そんな子たちも大きくなって翌年、キエフ動物園（旧ソビエト、キエフ市）へオスとメス2頭が親善動物で贈られて行きました。（タヌキは東アジア特産で旧ソビエトにはいない。日本では沖縄を除く各地に生息。しかし、近年、分布域を拡げヨーロッパにまで進出している。）

　それから僕もいろいろと担当がかわって、再び小獣舎の担当になったのは5年後の19

哺乳中のタヌキ

75（昭和50）年11月。翌春、この時もまたタヌキは出産しました。

　5月30日、産室から赤ちゃんの声がします。僕は生まれたばかりの赤ちゃんを一度どうしても見たかったのです。

　翌日、ちょうどメスが産室から出て、オスも入って来なかったので、この隙を狙って僕は産室の外扉（板）を少し開けてのぞくことにしたのです。ワラの中でビロードのような柔らかい毛の小さな小さな黒い固まりが5つ、モゾモゾと動いていました。目は開いていない。可愛いのでもっと見たかったのですが、すぐに扉を閉めることにしました。ところがその一瞬メスに感付かれたのです。間もなくメスは産室に戻ると、何と赤ちゃんを1頭1頭口にくわえて外へ運び始めたのです。5頭全て産室から出してしまいました。そして赤ちゃんをくわえてウロウロソワソワ。産室に戻る様子は全くありません。そこで僕は急いで、とりあえず巣箱にと思ってリンゴ箱を持ち込んで入れました。これがさらにメス親を興奮させることになり、今度はくわえた赤ちゃんをあろうことか、次から次と水槽へ入れ始めたのです。これでは皆溺死してしまいます。仕方なく僕は再び中へ入ってすぐに全ての赤ちゃんを取り上げました。

　獣医室へ運び、タオルで体を拭き、ドライヤーで暖めました。もう母親の元へは戻せません。やむを得ず人工哺育に切り替えることになりました。

ワンラック（イヌ用ミルク）を朝8時から夜8時までの7回、2時間おきの哺乳です。しかし赤ちゃんは既に水槽の水を飲んでいて、肺炎や下痢が原因で10日余りの間に次々と4頭が死んでしまったのです。

最後の1頭もガリガリに痩せたまま虫の息でしたがなんとか生きていました。僕は一縷《る》の望みをかけて最後の1頭にミルクを変えてみたのです。ワンラックを止めて、牛乳に卵黄を混ぜたものにしました。昔、ライオンやトラの人工哺育でやっていたように。すると猛獣ではないタヌキの赤ちゃんが何とグイグイ飲み始めたではありませ

人工哺乳でフジちゃん育つ

んか。余程口に合ったのか、一気に飲むようになったのです。何が幸いするかわかりません。やってみることです。

赤ちゃんは目に見えて元気になりました。目の輝きも違います。さらにカサカサで痩せていた1本1本の手足の指が太ってくるのがはっきりと見てとれました。太ってくると皮膚も瑞々しくなり、毛に艶が出てきました。

もう大丈夫！この事を妻に話すと、死ななかったので不死からフジちゃんと名付けてくれました。フジちゃんはメスでした。

1カ月もするとしっかり小走りさえできるようになりました。昼休み、僕が詰所の僕の机の上で遊ばせていた時のことです。はしゃぎすぎてすべってしまい、机の上から約70センチ下のコンクリートの床面に落ちてしまったのです。「キューン」と鳴いたまま動かなくなってしまいました。

なんということか。せっかく何とか生き残って頑張ってここまで育ったのに。僕は一瞬、目の前が真っ暗になりました。残念で残念で、かわいそうなことをしてしまったのです。

僕は死んでしまったそのかわいいフジちゃんの横顔を茫然としばらく眺めていまし

た。その時です。ピクッと動いたかと思うと、アッという間に起き上がり、ウロウロと歩き始め、僕の足元へ。すぐに僕は抱き上げ撫で続けました。生き返ったのです。まさにそれは夢を見ているようでもありました。

タヌキに騙されたという話を聞きますが、僕もフジちゃんに騙されたのかも知れません。

いや実際タヌキはひどく驚くと、一時的に失神状態になるとのことで、その習性についてはいろいろな説があり、はっきりとした要因は未だどうもわからないらしい。

フジちゃんの場合は、落ちたショック

フジちゃん親子と筆者

と頭部を打って、多分軽い脳震とうになっていたのでしょう。

タヌキ寝入りという言葉は、都合が悪いと寝たふりをするところからつけられたのですが、これは人間社会のことで、タヌキはそんな姑息《こそく》なことはしないと思います。

その後、フジちゃんはまるで犬のように懐き、職員のみんなに抱かれたりしてかわいがってもらいました。ある時は人工哺育のジャガーの赤ちゃんとも一緒に遊ばせました。

タヌキは1年で性成熟し、2〜3月に交尾、52〜67日の妊娠期間を経て、4〜6月に2〜8頭の赤ちゃんを産みます。

フジちゃんも順調に成長し、親ほどの大きさになったころオスと一緒にさせました。交尾は確認していなかったのですが、1年で出産できることから、一応巣箱を入れワラを敷きました。フジちゃんの収容しているところは、詰所の裏に特別に造ったところなので、お客さんには見えません。そのため昼休みも気兼ねせず遊ぶことができました。そして毎日お腹をさわったり、乳房の腫れ具合を見てやがて妊娠していることが分かりました。

7月18日、フジちゃんは巣箱の中で2頭の赤ちゃんを産んだのです。2頭共にメスだったので、フジちゃんのフジからおのおの、コフジとフジッコと命名しました。

フジちゃんは神経質な親の場合とは違って、僕がこの赤ちゃんたちを産まれた直後から見てもさわっても全く大丈夫でした。フジちゃんは警戒するどころか、目を細め安心した様子で僕を見上げてきました。そのお陰で、毎日フジちゃんの赤ちゃんの体重や体長の測定、歯の生え具合まできっちりと記録することができたのです。タヌキも人工哺育で育つと、こうも違うのかと人工哺育の良い面も知ることができました。そのうえ、懐いた動物ほどかわいいもので、愛情も倍増し、出勤するのが楽しくなるものです。

僕がタヌキを好きになったのは、フジちゃんのお陰です。

しかし、赤ちゃんの時フジちゃんは生き残りましたが、ほかの4頭の兄弟は死んでしまいました。

元々は僕のミスです。本来のタヌキの習性というか本能（育児中の巣穴に危険が及ぶとほかの安全な巣穴へ子を運ぶ）を重視して産室をのぞかなかったら、親もパニックにならず、悲劇は起きなかったはずです。

長年仕事をしていると、馴れが身について甘さが出てしまうことがあります。今回の場合も、2回目の担当ということで軽く見過ぎたことから失敗をしてしまいました。

何年経っても〝初心忘れず〟の大切さを改めて思い知らされました。

フジちゃんは翌年もまた出産しました。今度は7頭の赤ちゃんを産んだのです。間もなく僕は担当替えでフジちゃんたちと別れることとなりました。その後、小獣舎も1991（平成3）年に新しいものに建て替えられました。

フジちゃんを担当してから27年経って、今度は代番で小獣舎を担当することになりました。もちろんフジちゃんも、その親たちも既に亡くなって別のタヌキが入っていました。タヌキは大人になるのが早い分、寿命も短いのでしょうか、十数年しか生きないのです。

このタヌキ夫婦もかなり老境に達していました。全身が白く、顔も白髪で、目の縁の黒いタヌキ模様は全く無く、ヨタヨタと足腰もそれなりに弱っていました。若い元気なころは、担当者が掃除に入ると、怖がって勢い良くメッシュの網をかけ登り、高いところまで逃げたものですが、今はそんなパワーは無く、木株の裏に身を隠し、掃除が終わるのをじっと待っているのです。

今朝も遠足でたくさんの子たちがやって来ました。「おっちゃん！タヌキいいひんでー。どこや！」。すると続いてほかの生徒も「どこやー！」「どこやー！」と言ってきます。

「ここにいるやろ！ここやー！」と、僕は自分を指差して、「タヌキが化けておっちゃんになって掃除しているんやー」

「えー？……」

またまた僕は非科学的なつまらん答えを……。僕も既にすっかり白髪となって「タヌキ爺！」と呼ばれてもいい年齢になっていました。

ウグイス

——春の鳥

「ホーホケキョ！」
どこからとなくこの声がしてくると
「あ、ウグイスや、やっと春かー」と春の訪れを実感し、ほっとします。

春来ぬと人は言えども鶯の
鳴かぬかぎりはあらじとぞ思う
壬生　忠岑

万葉の昔から詩歌に詠まれ絵画に描かれ、愛され親しまれてきたウグイス。その声はまさに春告げ鳥ですね。

野生でウグイスが鳴き始めるのは、九州南部で正月早々、北海道では4月〜5月。桜前線と同じく北へ行くほど遅くなります。京都では梅が咲き沈丁花が香る2月中旬に初音が聞かれます。それまでは、オスもメスによく似た地鳴きの「チャッ、チャッ、チャッ」という笹鳴き（笹が風ですれる音から）をします。その声は、続けて舌打ちをしたような感じです。

やがて小さく「ケッチョ、ケッチョ、ホーホケ……」とかわいい片言のぐぜり鳴きが始まります。そんな声が茂みの中から聞こえてくると思わず足を止めて、笑ってしまいます。

このころはまだ十分に声が出ないため、どのウグイスも練習中というところ。この声を聞いて、朝散歩から帰って来た近所の奥さんたちは、「今朝初めてウグイスが鳴いてはったよ、多分子どもやわ、下手やった」と僕に報告してくれるのです。素人の方は下手に聞こえるこの声を子どもだと思うのでしょう。

3月になると、大きくはっきりとした「ホーホケキョ」の声になって、さらに谷渡りも聞かれます。鳴く位置も木のてっぺん付近が多くなるので、このこ

めったに姿を見せないウグイス

ろには姿を見ることもできます。

高く鳴いたり、低く鳴いたり、時にはけたたましく、それらの声にはおのおの意味があるのです。

高音のヒーホケキョはメスを呼ぶ声
中音のホーホケキョは縄張りを守る声
低音のホーホ…ホケキョは威嚇の声

連続音のケ、ケ、ケ、ケッキョ、ケッキョ、ケッキョは谷渡りと呼び、主に警戒する時の声なのです。

このほかに繁殖期、巣の近辺で飛びながら「クワッ、クワッ、クワッ」というような声を発することがあるのですが、意味はまだ僕にも分かりません。

高音の「ヒーホケキョ」は各個体によって違いがはっきり判別できます。例えば、「ヒーホチッ」「ヒーホチョホイッ」「ヒーホチュピッ」「ヒーホチュピチョ」など。僕はこの声でおのおのに「ハッちゃん」「トミオ」「マレちゃん」「プーチン」などと名前を付けて個体を識別しています。

雛に餌を与えるメス

谷渡りの声は確かに警戒の意味があり、巣の近くへ行けば騒がしく鳴き立てられます。しかし、警戒とは全く異なった安全な状況でもランダムに鳴くことが多いのです。低音の威嚇声は、特に縄張りに別のオスが接近した時に聞かれます。実に低く小さく繰り返し繰り返し鳴き続けます。

子どもの頃、おとりを持ってウグイスを捕りに行った時、この低音の声がしたかと思うと間もなく飛んできて「ケッキョ、ケッキョ……」と鳴きながら激しくおとりが攻撃されたのを覚えています。

ウグイスは一夫多妻で、オスは巣作りや子育てを一切手伝いません。ほかの小鳥たちのオスたちは羨むかもしれませんが、しかし、ウグイスのオスにはオスの仕事があるのです。

それはとにかく、より多くのメスを呼ぶために、そして必死に縄張りを守るために一日中鳴き続けなければならないのです。

その強い気持ちがあの「ホーホケキョ！」にこめられているのだと思います。

それに比べて四季の無いハワイのウグイス（80年前ハワイに移り住んだ日本人が故郷を懐かしむために、日本から複数回持ち込み放鳥したものが繁殖）は、複雑な鳴き方をしないといいます。

「競争のない環境にいると、数十世代で「ホーホピッ」など単純な節回しに変化してしまう」とする研究結果を、国立科学博物館の浜尾章二・脊椎動物研究グループ長が、米科学誌に発表しました。

また、小笠原諸島に生息するハシナガウグイスも、さえずりは単純で、オスは子育てに協力するそうで、所変われば習性も変わっておもしろいです。

大体メス一羽での子育ては、ほかの小鳥たちに比べてそれなりのハンディを背負うことになります。それを少しでも軽減するかのように、ウグイスは繁殖時期が少し遅くなっています。その方が、餌となる虫の

巣立ち直後のウグイス

発生がより多くなるのも確かなのです。

また、巣の形がボール状で入口が横になっている構造は、中が外敵から見えにくい上、メスの離巣時も、風雨や寒さから卵や雛を守る役割をしているように思われます。

僕は中学生の時、ウグイスの巣探しに熱中しました。授業中、窓から外を見てはウグイスのよく鳴いている場所を覚えておくのです。そして、昼休みに見当をつけた場所をくまなく探すのです。茂みの中ではなかなか見つからないものですが、そのうち、コツがわかるようになりました。

必ず近くに笹藪があること、そして意外と、道の近くで、オスが盛んに鳴いている辺り、アセビやヒサカキの木、1メートルの高さ、などが目安なのです。しかし、巣の高さについては生息場所によって竹林では2メートルをはるかに越えるもの（中には4メートルも）が幾つも見つかったので、それまでの僕の誤った思い込みを反省し訂正しました。

卵の数は大体5個で色は明るいチョコレート色をしていて、ピカピカ光っています。ウグイスに托卵するホトトギスの卵は、ウグイスの卵と同じ色ですが少し大きいのですぐ分かります。一度見つけた時は嬉しかったのですが、2~3日後に見に行った時にはウグイスの卵と一緒に全て無くなっていました。犯人はアオダイショウだと思います。

巣立ち前の雛を捕って来て育てたこともあります。40分おきに給餌が必要なので、毎日学校へ持って行き、授業中も机の中から雛を出しては、すり餌を与えました。しかし、そのことで先生に注意されたり怒られたということは全くありませんでした。

ウグイスの雛の口の中の色は、メジロやスズメ、ヒヨドリの雛とちがって、赤ではなく黄色かったのを記憶しています。

よく慣れてやがて少し鳴くようになったものの、僕は近所で飼っているおじさんのウグイスのようにはとても上手に鳴かせることはできませんでした。

ウグイスの飼い鳥としての歴史は古く、足利将軍の室町時代から始まったといわれています。徳川時代にはなんと将軍家に飼育専任である〝お鳥掛〟なる役職が存在しています。

名鶯とは、上げ声、中声、下げ声と高低をつけて鳴き分け、力強く、かすれずに、丸味をおびたつやのある声が条件なのです。

下餌を多くした強餌と夜飼い（あぶりともいう）によってウグイスを正月に鳴かす方法は古くから行なわれてきました。

紅梅の盆栽に同時にやってきたメジロ（上）とウグイス（下）

暖かい天気の日に水浴をさせる以外は、籠桶（前面だけが細かい金網と障子からなる二重のふたで、蚊や蛇、イタチなどを防ぐ箱のことで、材質が桐なら軟らかくよく響く）に入れて静かにさせます。常は5分餌のすり餌を与え、11月末には6分餌、12月10日頃には7分餌というふうに魚粉を多くします。さらにエビズル虫（ブドウスカシバの幼虫）などを与えて精力をつけるのです。

夜飼いとは、12月に入ると夕方から夜の9時頃まで電気をつけて明るくして、人工的に春を作ってやるのです。

すると2週間後には鳴き始め、正月元旦にはすばらしい声で鳴くようになります。「ホー」という声で喉を一杯に膨らませ、「ホケキョ！」で一気に吐き出すように身体を震わせて鳴きます。ウグイスは身体の割には声が特に大きいのです。

日照時間を長くすることによって、脳下垂体のホルモンを刺激させ、さらに動物質の強い餌が、ウグイスに春になったことを錯覚させる、その先人の知恵と技術には本当に驚く限りです。

コマドリ、オオルリと並んで日本三鳴鳥（三名鳥）なのですが、やはりなんといってもウグイスは群を抜いて有名です。その声も8月の終わりになると、聞かれなくなります。繁殖が終わり、さえずりから地鳴きに変わるためです。

10月になるとやがて山から下りて単独で住宅の植込みにもやってきます。虫のほか、ヒサカキの実や熟柿など木の実も食べます。暗く木の茂った所が好きで地面にもよく下ります。そのため気の毒に時々、ネズミ捕りシートにかかることもあります。

オス、メス共に灰色っぽい同色で、オスはメスより体長が2センチほど長いのですが、見た目はもっと大きく見えます。

メジロをウグイスだと思っている人が多いのは、花札や掛軸の梅に止まっている緑色の小鳥の絵が原因です。梅の蜜をウグイスも吸いますが、めったに姿を見ることは

梅にウグイス

できません。梅に来るのは圧倒的に数の多い黄緑色をしたメジロなのです。美しい梅の花とちょうどこのころウグイスも鳴き始めるのでそのウグイスのいい鳴き声から、「梅に鶯」の取り合わせになったのでしょう。ウグイスは梅よりも薮の竹の方が好きです。

僕が動物園で野鳥舎を担当していた時、園内の野生鳥獣救護センターから野生復帰できないウグイスをあずかりました。ミルワームを与えながら馴らすと指に止まるようになりました。

そのうえ、とてもいい声でよく鳴くので、ええこえで鳴くことから、エコちゃんと名付けました。

ええ声でよく鳴いたウグイスのエコちゃん

ウグイスについてどんな鳥か訪ねて来られたお客さんには、すぐにエコちゃんを口笛で呼んで指に止まらせ、実物を目の前で見せてやりました。

「これがウグイスですかー。かわいいー。こんな地味な色をしていたんや。姿見たの初めてです」と皆感動してお礼を述べて帰られます。

かつて京都の動物園では、〝鶯鳴合せ会〟なるものが大正末期から昭和の初め頃に行なわれ、「名鳥多数集合、盛会なり」の記録があります。エコちゃんならもしかして優勝したかも知れません。

春、ウグイスの声を聞くと、僕にはいろんな思い出が懐かしく蘇《よみがえ》ってくるのです。

鶯に勝る声なし春の山

欽雄

本書籍に出てくる動物の担当年

1　メジロ　飼育係になった原点 …………………………… 1955（昭和30）年～

2　トリ　飛び蹴りの洗礼（オナガキジ・マクジャク…）

…………………………… 1965（昭和40）年～

3　オオミズナギドリ　餌付かぬ雛鳥 ……………………… 1965（昭和40）年～

4　ゴリラの飼育………代番 1969（昭和44）年　本番 1978（昭和53）年～

5　ニホンカモシカ　初めて育ったテツ ……………… 1970（昭和45）年～

6　ヨーロッパバイソン　脱柵 ………………………………… 1973（昭和48）年～

7　ライオン　小桜号脱出に思う ………………………………… 1975（昭和50）年～

8　キリン　立てなかった赤ちゃん善峰など ……… 1974（昭和49）年～

9　カンムリサンジャク　アオムシで雛育つ ……… 1990（平成２）年～

10　オジロワシ　猛禽・夢の繁殖 ………………………………… 2001（平成13）年～

11　ヤツガシラ　北朝鮮からの贈りもの ……………… 1991（平成３）年～

12　カバ　ポイントガイド ……………………………………… 2002（平成14）年～

13　ゴリラの名前あれこれ ……………………………………… 1969（昭和44）年～

14　「森の人」オランウータンを担当して ……………… 1969（昭和44）年～

15　タヌキ　人口哺育になったフジ（不死）ちゃん

…………………………… 1975（昭和50）年～

16　ウグイス　春の鳥 ……………………………………………… 2007（平成19）年～

鳥で始まり鳥で終わるという45年間。長く飼育にたずさわった分、ほかにヒグマやトラ、ホッキョクグマ・アシカやダチョウ、爬虫類など、ゾウ以外多くの飼育動物を担当。

あとがき

「髙橋君、いいとこへ就職決まって良かったなー。うちの学校から動物園へ行くのはキミが初めてだよー。」

担任以外の先生たちも、わがことのように喜んでくださった。

思えば、高校三年生の時、私は動物園の飼育員になりたい一心で、中学校の修学旅行で行った東京の上野動物園に手紙を出したのです。

「野鳥が好きで小学生の時からメジロやウグイスなど36種類の飼育経験があります。両親に苦労をかけたくないので早く働きたいのです」などの旨を書いた記憶があります。

まもなく届いた返信には、当時、上野動物園には欠員がなく採用ができないことや、採用の基準も農業高等学校の畜産科を卒業した者、または大学の獣医・畜産・水産の各学部を卒業した者とありました。

したがって、私のような高等学校の普通科を卒業した者では資格がなかったのです。

返信封筒には、親切ていねいな励まし文とともに、近畿の動物園の住所を書いた書面がありました。私は再び、各園の園長さんに手紙を出したところ、京都の動物園だけが試験（京都市職員採用試験）があるとのことで受験しました。

しかし、結果は残念ながら不合格でした。

そこで、再び私は園長さんに「身体には自信があります。都会の人には絶対負けません。何でも一生懸命頑張ります」と書き連絡したところ、園長（佐々木時雄）さんも何とか人事課へかけ合ってくださったようで「キミの熱意を買おう」ということで、私は京都市動物園に入ることができたのです。

夢が叶って、1965（昭和40）年3月、18歳、胸はずむ飼育係としてスタートしたのですが、現実はそんなに甘くはありませんでした。

のんびり気楽とは裏腹に、仕事は超忙しく、それに担当したのは苦手で怖い動物ばかりです。ケガや動物に咬まれたことも何度もありました。

私は幸運にも、多くの動物で繁殖にかかわることができましたが、生かした数よりも死なせてしまった数の方が多く、今思うと申し訳なく後悔の念でいっぱいです。

しかし、45年間、動物園をやめたいという気持ちは一度もありませんでした。むしろ、楽しく過ごせたことについては、同僚や飼育した動物たちに感謝しております。

このたび、東京農業大学教授の橋本貴美子先生から「髙橋さんの飼育体験を是非、本にまとめてください」とすすめられて書きだしたものの、何しろ筆不精と多忙が重なり、大変遅れてしまい、また、内容も担当した動物のほんの一部しか書けませんでした。

京都新聞出版センターの岡本俊昭センター長には大変ご迷惑をかけ申し訳ありませんでした。

なお、サブタイトルの「スパイホール」とは、飼育係が係員通路から動物やお客さんのようすを見るためののぞき穴のことで、以前私が動物の話を「ザ・エッセイ」に投稿した際、妻が気に入ったこともあって、今回の書名にも採用しました。

髙橋　鉄雄

著者紹介

髙橋さんは三重県熊野の山深い田舎で生まれ育ち、禅宗のお寺の長男だったのですが、お父さんから「寺はわしの代で終わりにするから、好きな道へ行ったらええ」と言われたそうです。

幼い頃から広い境内や墓の掃除のほか、家には田畑や山もあったので、勉強する間があったら、それらの手伝いをさせられたそうです。

もちろん、それらの仕事がない時は、一日中ニワトリ小屋に入ってニワトリと遊んだり、山へメジロを捕りに行ったりしたとのことです。

私が職員になった頃（昭和49年）、園でカメラを持っている人は少なく、獣医二人、学芸員一人と髙橋さんの四人くらいでした。

仕事中に飼育係が写真を撮ると、うるさく言われることがあるので、髙橋さんはいつもカメラをバケツの中に入れて持ち運びしていたのです。「夜間哺乳などの残業手当や小遣いは全て写真代に消えるよ」と笑っていたのが印象に残っています。

写真での記録のほかに動物の行動等も、メモ帳からペレットの紙袋、そして手の甲にまで記録していたのには、思わず笑ってしまいました。

毎年、飼育係を中心とした「全国飼育の集い」という動物園関係最大の集まりが行われているのですが、実は髙橋さんも創立者の一人なのです。

１９８１（昭和56）年3月、5園11名が髙橋家へ泊まりに行ったのが始まりです。

当時は、獣医さんに比べて飼育係は交流する機会が少なく、したがって会議も固苦しいもので、なかなか本音で話し合えなかったそうです。女性も少なく、参加していません。

自費で自由参加、報告義務はいらない、飲みながら話し合う親睦を第一にしたこの会は、ずっと引き継がれ、各園で持ち回りで続いており、髙橋さんはその会の永久顧問になっています。

退職後、趣味の写真・俳句・町内の用事や講演などで、現役の飼育係の頃より忙しくしておられますが、もし定年制度がなかったら、髙橋さんはずっと飼育の仕事を続けていたのではないかと私は思います。

髙橋さんにも、そして今は亡き奥様の由子さんにも、私は公私ともどもお世話になり、何かとご教示くださいました。感謝。

佐藤　元治

[著者]
高橋　鉄雄（たかはし てつお）
1946（昭和21）年、三重県生まれ。
1965（昭和40）年、三重県立木本高等学校を卒業後、すぐに京都市動物園の飼育係になる。以来四十五年間、ゾウ以外の同園飼育のほとんどの動物を担当する。なかでも、ニホンカモシカ、ゴリラなどの繁殖に貢献する。
2010（平成22）年、同園退職。

装丁・デザイン　木村有美子
DTP　西村加奈子

京都市動物園　飼育係ものがたり ～スパイホール～

発行日　2019年12月13日　初版発行
2022年 8月31日　2刷発行
著　者　高橋　鉄雄
発行者　前畑　知之
発行所　京都新聞出版センター
〒604-8578 京都市中京区烏丸通夷川上ル
Tel. 075-241-6192　Fax. 075-222-1956
http://www.kyoto-pd.co.jp/book/

印刷・製本　株式会社スイッチ.ティフ
ISBN978-4-7638-0728-1 C0045